AF385122

MÉTHODE SIMPLIFIÉE

DE LA

TENUE DES LIVRES,

EN PARTIE SIMPLE OU DOUBLE,

PAR LAQUELLE LE JOURNAL ET LE GRAND LIVRE SE BALANCENT MUTUELLEMENT,

ET LES LIVRES LES PLUS VOLUMINEUX PEUVENT ÊTRE RAPPORTÉS

ET BALANCÉS TOUS LES JOURS,

SANS QU'IL SOIT POSSIBLE DE NE PAS DÉCOUVRIR L'ERREUR LA PLUS LÉGÈRE;

MÉTHODE expéditive, sûre et facile, remédiant à tous les défauts des Méthodes en usage, applicable à toute espèce de Commerce, adoptée par la Banque d'Angleterre, et pour laquelle l'Auteur a obtenu un Brevet d'Invention;

Traduite de l'Anglais de E. T. JONES, avec des Tableaux adaptés au nouveau style, pour modèles de Livres.

Par J. G****. Teneur de Livres.

Quand un grand Livre contiendroit mille folios et dix comptes ou même plus sur chaque folio, il est impossible, par ma Méthode, de se tromper dans la balance d'un seul. Pag. 22 de la Méth.

A PARIS,

CHEZ {E. JOHANNEAU, Libraire, Palais du Tribunat, Ire. galerie de bois, N°. 236;
{DUFFAUX, Libraire, rue du Coq-Honoré, N°. 134.

On trouve aux mêmes adresses des Livres rayés selon cette Méthode.

AN XI.—1803.

MÉTHODE SIMPLIFIÉE

DE LA

TENUE DES LIVRES.

MÉTHODE SIMPLIFIÉE

DE LA

TENUE DES LIVRES,

EN PARTIE SIMPLE OU DOUBLE,

PAR LAQUELLE LE JOURNAL ET LE GRAND LIVRE SE BALANCENT MUTUELLEMENT,

ET LES LIVRES LES PLUS VOLUMINEUX PEUVENT ÊTRE RAPPORTÉS

ET BALANCÉS TOUS LES JOURS,

SANS QU'IL SOIT POSSIBLE DE NE PAS DÉCOUVRIR L'ERREUR LA PLUS LÉGÈRE;

MÉTHODE expéditive, sûre et facile, remédiant à tous les défauts des Méthodes en usage, applicable à toute espèce de Commerce, adoptée par la Banque d'Angleterre, et pour laquelle l'Auteur a obtenu un Brevet d'Invention ;

Traduite de l'Anglais de E. T. JONES, avec des Tableaux adaptés au nouveau style, pour modèles de Livres.

Par J. G****. Teneur de Livres.

Quand un grand Livre contiendroit mille folios et dix comptes ou même plus sur chaque folio, il est impossible, par ma Méthode, de se tromper dans la balance d'un seul. Pag. 22 de la Méth.

A PARIS,

CHEZ { E. JOHANNEAU, Libraire, Palais du Tribunat, Ire. galerie de bois, N°. 236;
DUFFAUX, Libraire, rue du Coq-Honoré, N°. 134.

On trouve aux mêmes adresses des Livres rayés selon cette Méthode.

AN XI.—1803.

LES découvertes qui méritent vraiment ce nom, ont toujours un caractère de simplicité qui les distinguent des conceptions laborieuses et compliquées des hommes à routines. Il faut si peu de mots pour les énoncer, elles paroissent si faciles au premier coup d'œil, qu'on est tout étonné de de ne les avoir pas faites soi-même. La Méthode exposée dans l'ouvrage que nous présentons au Public, porte éminemment cette empreinte particulière du génie; et après l'avoir examinée, on ne peut se défendre d'un sentiment de surprise, qu'une découverte d'une utilité aussi immédiate, et dont le besoin est si péniblement senti par le Commerce, soit restée plusieurs années sans être connue parmi nous.

On ne reprochera pas à la Méthode de JONES d'être du nombre de ces théories vaines dont la nullité se démontre à l'application. Des hommes d'un rang éminent parmi les Commerçans, le Gouverneur et les Directeurs de la Banque d'Angleterre l'ont sanctionnée, l'ont adoptée. Leur jugement a été confirmé par la Nation entière, car depuis 1796, deux éditions en Angleterre et deux autres en Amérique se sont écoulées, malgré le haut prix d'une guinée et demie pour un si petit ouvrage. Le Brevet d'Invention qu'a obtenu l'Auteur, et en vertu duquel il vend avec son

*

Livre le droit de faire usage de sa Méthode, est cause de ce prix exorbitant. L'exemplaire de la seconde édition anglaise sur lequel nous avons fait notre traduction, est coté 5,15r; et contient une liste de plus de 4,5oo souscripteurs, non compris ceux de l'Irlande.

Ce n'est point sur une simple inspection de l'ouvrage, que nous nous sommes déterminés à le traduire. Dans un voyage fait aux États-Unis, en 1798, nous y avons trouvé cette Méthode généralement adoptée; et convaincus, après un examen réfléchi, de sa supériorité sur toutes les routines incertaines, insuffisantes et compliquées qui l'ont précédée, nous l'avons depuis constamment employée nous-mêmes. Nous comptions peu à notre retour, avoir à faire connoître jusqu'à l'existence d'une découverte aussi précieuse pour le Commerce; et, nous le répétons, c'est encore pour nous un objet d'étonnement, que parmi tant de Livres qu'on a fait passer dans notre langue depuis quelques années, on ait oublié d'y comprendre celui dont nous avions précisément le plus de besoin, le plus propre à faciliter les opérations commerciales, et à en rendre le goût plus général parmi les jeunes gens; surtout, si le Gouvernement adopte le plan que propose l'Auteur, pour enseigner sa Méthode dans les Écoles, en la mettant au rang des Livres classiques et élémentaires.

Dans son Introduction, l'Auteur a trop clairement démontré les avantages de sa Méthode sur les routines adoptées, pour qu'il soit nécessaire d'en rien dire ici; mais pour qu'on ne croie pas que les inconvéniens de ces routines, dont il se plaint si énergiquement, ne demandent pas un aussi prompt redressement dans notre pays que dans le sien, nous nous contenterons de citer le passage suivant, du plus court, et par conséquent du meilleur des ouvrages modernes sur la Tenue des Livres:

« 1°. Un Négociant qui veut faire sa balance doit, avant tout, faire

» l'inventaire estimatif de tout ce qu'il possède , tant en marchandises ,
» argent, billets à recevoir, qu'en immeubles, etc., etc., et de ce qu'il doit
» par billets.

» 2°. Il faut qu'il pointe de nouveau ses Livres, c'est-à-dire, qu'il
» vérifie, si les articles du Journal sont bien rapportés au Grand Livre.

» 3°. Qu'il additionne le débit et le crédit de chaque compte du grand
» Livre, sans exception.

» 4°. Qu'il réunisse sur une feuille ou sur un cahier de papier, les dé-
» bits des différens comptes les uns au-dessous des autres, pour connoître
» le total de ces débits réunis, et qu'il en réunisse également tous les
» crédits....... (!!!)

» ...... Le total de ces débits réunis, doit nécessairement égaler celui
» des crédits, puisqu'on n'a jamais porté un sou au débit d'un compte
» du Grand Livre, qu'on ne l'ait porté au crédit d'un autre. S'il existoit
» la moindre différence, elle déceleroit des erreurs, qu'il faudroit chercher
» *en pointant de nouveau les Livres, et en repassant toutes les additions*
» *déjà faites, et même en examinant chaque article du Journal, si les*
» *premières recherches n'avoient pas réussi ,* RECOMMENÇANT TOUJOURS
» JUSQU'A CE QUE LES ERREURS FUSSENT DÉCOUVERTES » (!!!!) (*)

Que l'on compare ces opérations longues, pénibles, compliquées et incertaines, avec les opérations courtes, faciles, claires et certaines de la
nouvelle Méthode! Si ce texte décourageant avoit besoin de commentaire,
on le trouveroit dans le seul parallèle que fait M. JONES, de sa Méthode
avec celles que, faute d'autres, on a employées jusqu'à ce jour. Les dé-

---

(*) Voyez *La Tenue des Livres*, par DÉGRANGE, pag. 127 et 128.

fauts des routines adoptées pour la Tenue des Livres sont si généralement sentis par tous les esprits justes, qu'il est inutile d'accumuler les citations, pour prouver que de l'aveu même des personnes qui ont écrit sur cette partie, ce n'est qu'en tremblant qu'on doit compter sur le résultat d'une balance générale ; puisque rien n'indique que tous les articles du Journal soient rapportés au Grand Livre, ni que dans celui-ci on n'ait pas, en contrepassant, altéré quelques comptes, pour faire balancer.

Grâce à la *nouvelle Méthode simplifiée*, que nous publions aujourd'hui, cette perplexité va cesser ; on ne *recommencera* plus deux fois à pointer les Livres ; les erreurs, s'il en existe, se découvriront et se corrigeront dès la première fois, sans qu'il soit possible qu'elles échappent. A la désolante incertitude qui accompagne maintenant le travail d'un teneur de Livres, succédera l'assurance que doit inspirer une Méthode sûre, claire, simple et facile, à l'aide de laquelle on peut à chaque instant se convaincre si l'on s'est trompé, et à quel endroit est l'erreur ; une Méthode, enfin, par laquelle on se démontre rigoureusement que *s'il ne se manifeste aucune erreur, c'est qu'il n'en existe aucune.*

A MESSIEURS

MESSIEURS,

C'est avec un plaisir bien sensible, que je saisis cette occasion de déclarer publiquement, que c'est à l'accueil distingué que vous avez fait à ma *Nouvelle Méthode simplifiée de la Tenue des Livres*, que je dois son succès extraordinaire.

Sans votre sanction, ce Traité auroit pu rester long-temps oublié. Mais un examen scrupuleux Vous ayant convaincus de sa supériorité sur ceux qui l'ont précédé, les Certificats que Vous m'en avez donnés m'ont gagné la confiance publique; et l'empressement général à se procurer l'ouvrage, annonce qu'on est persuadé que l'adoption de ma Méthode sera d'un avantage réel à toutes les classes de Commerçans. Vous ne devez donc pas douter de ma reconnoissance; et en Vous dédiant ce Livre, je ne m'acquitte que bien foiblement de ce que je vous dois; cependant, j'espère que Vous l'accepterez comme une marque de la gratitude, du respect et de l'estime avec lesquels j'ai l'honneur d'être,

MESSIEURS,

Votre très-obligé,

et très-obéissant Serviteur

E. T. JONES.

CERTIFICATS

En faveur de la *Nouvelle Méthode simplifiée* de tenir les Livres.

Certificat du Gouverneur et des Directeurs de la Banque d'Angleterre.

LONDRES, 26 Mai 1795.

La simplicité sur laquelle est fondée la *Nouvelle Méthode* de Jones *de tenir les Livres;* la promptitude avec laquelle les comptes peuvent être examinés et balancés; la manière ingénieuse, certaine et cependant simple de découvrir les erreurs ou les omissions, rendent cet ouvrage une découverte précieuse pour toutes les personnes intéressées dans le Commerce.

D. GILES.	Ja. BOLLAND.
Ja. REED et J. PARKINSON.	Rob. BARNEWELL.
Al. CHAMPION.	BOLLAND et PRESTWIDGE.
Geo. WARD.	G. G. STONESTREET.
Rob. PEEL.	

Certificat des Directeurs de la Banque de Bristol.

BRISTOL, 28 Avril 1795.

Nous avons examiné la *Nouvelle Méthode simplifiée de la Tenue des Livres,* par E. T. Jones, et nous prenons la liberté de la recommander aux Négocians et aux Marchands en général, comme offrant pour tenir les Livres un plus grand degré d'exactitude qu'aucune Méthode connue, et une manière plus courte et moins embarrassante de découvrir les erreurs; son utilité générale doit donc être évidente.

J. MALLARD.	Math. WRIGHT.
J. NOBLE.	J. WILCOX.
Ja. HARVEY.	

PERMISSION

De faire usage de la Nouvelle Méthode de E. T. JONES, pour tenir les Livres.

Je soussigné Edward Thomas JONES, de la ville de Bristol, déclare par ces Présentes, qu'étant l'Inventeur de la *Nouvelle Méthode de tenir les Livres de Comptes*, d'après un principe fixe et invariable, par lequel on prévient ou découvre tout ce qui pourroit être mal à propos ajouté ou omis dans le cours des opérations commerciales; Méthode, dont la propriété m'est assurée par Brevet d'Invention, qui défend à quelque personne que ce soit, d'en faire usage sans mon autorisation; en vertu dudit Brevet, et moyennant la somme d'une guinée, que je reconnois avoir reçue, j'autorise N. N. à s'en servir, telle qu'elle est exposée et développée dans le présent ouvrage, pour tenir les Livres de son commerce.

E. T. JONES.

BRISTOL, 3o Janvier 1796.

L'AUTEUR

A TOUS

LES NÉGOCIANS ET COMMERÇANS.

C'EST toujours le sort des nouvelles inventions, de trouver de l'opposition, jusqu'à ce que leur utilité ait été prouvée par l'expérience ; et par un malheur attaché à tous les efforts qu'on fait pour augmenter nos connoissances, les hommes ne peuvent qu'avec la plus grande difficulté se déterminer à dévier des routines auxquelles ils ont été habitués ; ils finissent, au contraire, par s'y attacher, au point de croire, qu'aucune invention nouvelle ne peut les surpasser ; l'antiquité et l'usage général sont regardés comme des raisons suffisantes pour rejeter même l'examen d'une amélioration. Mais certes, l'antiquité ne peut justifier la continuation d'une méthode fondée sur l'erreur ; ni son usage être perpétuel, parce qu'il est généralement adopté.

Cependant l'utilité d'une invention nouvelle, ou d'une amélioration dans les Arts et les Sciences, doit être mise à l'abri de toute contradiction avant de la présenter à la censure du Public. Plein de cette idée, et persuadé que mon ouvrage pourroit supporter l'examen le plus scrupuleux, je n'ai pas balancé à le soumettre à des personnes qui font autorité en commerce ; leur approbation m'est un sûr garant de celle du Public.

Le nombre étonnant des différens traités qui ont été publiés sur l'art de tenir les Livres, les banqueroutes sans nombre, les procès, les disputes, etc., qui ont été produits par de fausses entrées, des erreurs, et l'obscurité des comptes ; l'incommodité, la perplexité et le travail pénible que cause dans un comptoir le balancement des Livres, sont des preuves évidentes qu'une méthode propre à prévenir ces inconvéniens étoit encore à trouver. Celle qu'on propose ici remplira pleinement cet objet. Il ne faut que jeter les yeux sur les tableaux pour s'en convaincre.

Les témoignages honorables que m'ont donné, en faveur de cet ouvrage, le gouverneur de la banque d'Angleterre, et quinze autres personnes des plus respectables de Londres, ont attiré l'attention des chefs des premières maisons de commerce dont l'Angleterre puisse se glorifier. Convaincus par expérience qu'un perfectionnement dans l'art de tenir les Livres étoit fort à désirer, ils n'ont point balancé à donner leur sanction à cet ouvrage ; aussi n'a-t-on peut-être jamais présenté au public une invention d'une

A

utilité plus étendue , plus avantageuse pour toutes les classes de commerçans , par la facilité avec laquelle elle dévoile la fraude et l'imposture dans les comptes , et qui soit en même temps recommandée d'une manière plus respectable.

Je rapporterai en peu de mots, les causes qui m'ont engagé à chercher une méthode de tenir les Livres, plus sûre et plus expéditive que celle maintenant en usage. Élevé pour cette partie, j'eus l'avantage de passer plusieurs années dans le comptoir d'un négociant des plus intelligens; nombre de Livres de comptes me passèrent sous les yeux; je voyois fréquemment des liquidations disputées, des procès, des révisions judiciaires, et enfin des banqueroutes occasionnées par des Livres mal tenus, et le défaut de règle certaine pour corriger les erreurs ; soit que la méthode adoptée fut en partie simple ou en partie double. Mais entre autres, j'eus occasion de voir des Livres qui avoient servi dans le même négoce, à quatre sociétés successivement , sans jamais avoir été balancés , ni les comptes de chaque société arrêtés! Dans le fait, les associés n'y entendoient rien, et l'homme dans lequel ils plaçoient leur confiance les trompoit. La conséquence fut, que la quatrième société dissoute, et les Livres balancés ; la maison, sans s'en douter , se trouva insolvable ! Depuis ce moment, je me déterminai à chercher un moyen d'éviter de pareils accidens, et certain qu'il devoit en exister un , je pris la résolution de ne point abandonner la tâche que je m'étois imposée, sans pouvoir offrir aux commerçans, une méthode sûre et facile, de connoître leur situation avec leurs correspondans. Je crois avoir réussi au delà de mes espérances, quoique j'aie consommé plus de cinq années en essais pénibles et infructueux. Prévenu depuis long-temps en faveur de la partie double, je tentai d'abord de former mon plan d'après les idées reçues; mais, à mon grand étonnement, tous mes travaux servirent seulement à me convaincre que le système en entier posoit à faux, et ne pouvoit être déduit d'aucun principe certain. Alors je résolus d'abandonner toutes ces formes routinières, et je m'attachai à chercher un fondement solide et neuf, sur lequel je pusse élever un édifice, non-seulement sûr et durable, mais dont la commodité et les avantages réunissent encore tous les suffrages. En cela , j'ose me flatter d'avoir également réussi, mais je remets à le prouver dans un moment.

Les inconvéniens que j'ai présentés comme inséparables des méthodes actuelles de tenir les Livres, auront sans doute été observés par tous ceux qui ont étudié cette partie ; car je ne prétends point à une intelligence exclusive ou supérieure à celle des autres hommes; mais si tous aperçoivent et observent le mal dont ils ont quelquefois été les victimes, il en est peu qui s'attachent opiniâtrément à y trouver un remède; et le travail fastidieux et pénible du comptoir, engage l'homme qui y est condamné, à employer ses courts momens de loisir , à la récréation plutôt qu'à l'étude. Je ne sais pas ce que les efforts des autres auroient pu produire; mais il est certain, que depuis l'invention de la méthode italienne, rien de neuf et de praticable n'a été offert au commerce jusqu'à ma *nouvelle Méthode simplifiée.*

D'après ces considérations, qu'il me soit permis de faire un court examen des anciennes méthodes; la comparaison montrera la supériorité de la mienne, mieux que tous les raisonnemens que je pourrois employer. Car quoique le grand nombre d'années qui s'est écoulé depuis que les anciennes formes de Livres de comptes sont en usage, soit nécessairement une forte prévention en leur faveur; cependant comme il est démontré que des erreurs sans nombre peuvent se glisser sans être aperçues dans les Livres les mieux tenus par ces méthodes, et que l'espoir de les découvrir demande toujours un travail fort long, suivi d'un succès toujours très-incertain; je ne doute pas que le préjugé ne cède à la raison, et que ma méthode, quoique nouvelle, ne soit universellement adoptée, si je prouve, en les comparant, qu'elle est préférable à celles qui l'ont précédée.

Examen des différentes Méthodes de tenir les Livres.

La tenue des Livres en partie simple est aisée et facile à entendre. Elle consiste seulement à écrire dans le Journal, de la manière la plus concise et la plus intelligible, toutes les affaires de la journée; de là, leur montant est rapporté au grand Livre, au débit ou au crédit des personnes avec lesquelles on a traité.

Mais si dix francs dans le Journal, sont portés comme dix centimes dans le grand Livre; ou si mille francs ne sont marqués que cent francs; ou enfin, si des erreurs plus ou moins considérables vous échappent; un fait certain, c'est qu'elles *peuvent* ne pas être découvertes; comme nous allons le voir plus amplement, en examinant ce qu'on appelle *pointer.*

La manière la plus ordinaire de pointer les Livres en partie simple, est qu'une personne lise les articles du Journal, tandis qu'une seconde examine les comptes du grand Livre auxquels ces articles appartiennent, afin de s'assurer s'ils ont été fidèlement rapportés; donnant dans le même temps son assentiment en prononçant *juste*, ou quelque autre mot semblable; mais il est très-ordinaire, que par une fréquente répétition du même mot, la langue acquiert l'aptitude à dire *juste*, avant que les yeux aient pu s'assurer qu'il n'y avoit pas d'erreur; l'esprit finissant par se distraire par la fatigue pour le plus léger sujet, ou par une aversion naturelle pour une occupation si fastidieuse.

Une fois l'année, la plupart des personnes dans le commerce font faire un état de situation de leurs affaires, en réunissant les balances de chacun des comptes du grand Livre. Une seconde, et quelquefois une troisième et une quatrième personne se met ensuite à examiner ce que l'autre a fait; or, il arrive très-fréquemment qu'ils obtiennent tous un résultat différent; alors on abandonne le travail sans atteindre le but proposé, parce qu'il est *impossible* de prouver d'une manière certaine si les comptes sont corrects ou non. On ne peut donc pas compter sur cette manière de tenir les Livres.

Mais des deux méthodes, celle en partie simple demande dans un certain sens la préférence; car celle en partie double étant plus compliquée et plus obscure, se prête d'autant mieux à la fraude, et plus que l'autre, peut servir de passe-port à des comptes impudemment faux, et fabriqués par une industrieuse mauvaise foi. Un homme peut tromper son associé, ou un teneur de Livres celui qui l'emploie, sans que jamais on puisse les convaincre de fraude ; autrement d'où proviendroient ces changemens de fortune si opposés dans des associés de la même maison ? L'homme riche devient *pauvre* et le pauvre devient *riche !* Des co-associés paroissent insolvables ; un d'eux, dont la fortune avoit supporté la maison, est presque réduit à l'indigence ; tandis que l'autre qui originairement n'avoit rien, et étant insolvable, ne devroit pas avoir davantage, fait une pompeuse figure dans le monde, recommence de suite *les affaires,* et trouve un capital suffisant pour faire un commerce étendu ! Il est possible de trouver des raisons plausibles pour une telle conduite ; mais un changement si soudain laisse toujours des doutes sur l'intégrité de la personne qui l'éprouve.

Ce qui caractérise la *partie double,* c'est que toute somme portée au *débit* d'un compte personnel, doit se retrouver au *crédit* de quelqu'autre compte personnel ou nominal, et *vice versá.* Cette somme se rapporte ensuite au grand Livre, aux comptes auxquels elle appartient.

Tous les ans, et dans quelques comptoirs plus souvent, on fait une balance pour s'assurer si les articles du Journal ont été exactement rapportés ; cette opération consiste à prendre les soldes de chacun des comptes du grand Livre ; et si les balances de chaque côté correspondent, on conclut que les Livres sont justes, et l'examen s'arrête là. Cependant un associé ou le commis préposé, peut avoir diminué le débit, ou augmenté le crédit de son propre compte, ou de tout autre dans le grand Livre ; même avoir altéré quelque compte nominal, afin de faire paroître les Livres corrects, ou afin de contre-passer des erreurs commises en rapportant !

Par cette méthode de tenir les Livres, il est toujours au pouvoir d'hommes adroits de faire qu'un commerce profitable paroisse ruineux, afin d'engager leurs associés à se retirer ; ou de montrer l'apparence de bénéfice lorsqu'il n'y a que des pertes, s'ils veulent amener quelqu'un à prendre leur place ; ou enfin, dans quelque vue sinistre, ils peuvent tromper leurs associés par de faux états de situation, jusqu'à ce qu'ils les aient complétement ruinés ! Dans le cours de mes travaux, j'ai vu des Livres de diverses sociétés dans lesquels cette marche avoit été suivie.

Il arrive fréquemment que des Livres tenus en partie double ne balancent pas ; et plusieurs mois, chaque année, sont employés dans quelques comptoirs à en découvrir la cause. J'en ai vu qu'on avoit examiné sept ou huit fois avant de pouvoir les faire balancer ; d'autres qui servoient depuis vingt ans et n'avoient jamais été balancés, quoiqu'on eût apporté la plus grande attention à les faire corrects.

La méthode en partie double est généralement si compliquée, que plusieurs de ceux qui tiennent des Livres sont souvent arrêtés au milieu de leur travail, sans pouvoir rendre raison de ce qu'ils ont fait, ni de ce qu'il leur reste à faire. Et il arrive fréquemment, que des gens font un commerce très-étendu, sans connoître leur situation par leurs Livres, n'ayant jamais su comment les tenir. A quoi peut-on attribuer cela, si ce n'est à la complication des *anciennes méthodes,* qui les rend si difficiles à entendre et à pratiquer.

En supposant qu'un failli soit malhonnête au lieu d'être malheureux, et qu'il ait fait tenir ses Livres en partie double, quel moyen pour couvrir la fraude, que leur *apparente* régularité, surtout si on les présente tout balancés à l'assemblée des créanciers ! Cela est arrivé, mais ne se répète pas fréquemment ; et en conséquence si les Livres d'un failli paroissent avoir été régulièrement tenus et balancés, il a certainement droit à la confiance de ses créanciers, et doit être considéré comme un honnête homme, à moins qu'il ne puisse rendre compte de ses pertes. Mais en général, les Livres des personnes dans ce cas sont dans une telle confusion que les créanciers n'en peuvent tirer aucune lumière ; et sont obligés de s'en rapporter aux bilans qu'on leur présente ; et je n'hésite pas à dire, que les créanciers sont souvent trompés de cette manière.

Je pourrois faire voir par une foule d'autres exemples, qu'on ne doit en aucune manière se fier aux méthodes actuelles de tenir les Livres ; mais je ne doute pas que ceux que je viens de rapporter, ne suffisent pour convaincre toute personne de bonne foi, qu'une méthode qui préviendroit tous ces maux est fort à désirer, et seroit d'un avantage inappréciable pour le commerce. Or, prouver que mon procédé atteint parfaitement ce but et peut répondre à toutes les vues d'un négociant intègre, est une chose qui me sera facile, en comparant les anciennes méthodes avec la mienne.

Vue comparative des trois Méthodes.

Anciennes Méthodes.	*Nouvelle Méthode.*

La partie simple n'est point compliquée, la partie double l'est beaucoup ; l'une et l'autre sont sujettes à *erreurs*, et sans aucune règle *certaine* pour les découvrir. Ces méthodes ne vous permettent pas de présenter sous un seul point de vue la situation de vos affaires ; et c'est pour acquérir cette connoissance, que les Livres devroient donner, qu'on fait un extrait du grand Livre ; c'est-à-dire, la solde de chaque compte est portée dans un tableau de vos affaires, et, faux ou juste, vous êtes obligés de vous en contenter. Cependant cet extrait ou tableau peut, par des *additions* ou des *omissions,* servir à montrer tout ce qu'on voudra, et sans possibilité de démasquer la fraude, à moins que chaque article des Livres ne soit examiné, et même alors, les erreurs et les ar-

La manière de procéder par ma méthode est parfaitement simple et concise. Elle fait connoître tout ce qu'on peut désirer savoir, en permettant toujours de voir d'un coup d'œil la situation totale du commerce le plus étendu, sans avoir besoin d'aucune feuille de balance, de redressement, extrait, etc., ni d'aucun compte quelconque, autre que ceux contenus dans le grand Livre même. Elle demande *moins de travail* qu'aucune des méthodes en usage, et jouit de cet avantage sur elles ; c'est qu'il est impossible que la moindre erreur ne soit pas découverte.

Anciennes Méthodes.   *Nouvelle Méthode.*

ticles *faits exprès pour tromper* peuvent échapper. Vous n'avez donc aucun moyen certain de prouver que vos Livres sont exacts, ou de vous assurer si la feuille des balances est correcte ou non.

En partie simple, les Livres peuvent être rapportés tous les jours ; en partie double, ils ne le peuvent pas ; et la balance, par l'une et l'autre méthode, est si incommode à faire, que dans quelques comptoirs on ne la fait pas du tout ; que dans d'autres on ne la fait qu'une fois l'an, ou tout au plus deux fois ; on ne procède à cette balance qu'avec beaucoup de temps, d'incertitude et de perplexité ; et on ne peut y employer que des hommes réfléchis, assidus et bons calculateurs.

Les faillis, quoiqu'ils puissent être honnêtes gens, sont en général mauvais calculateurs, et en conséquence jouent toujours un fort vilain rôle lorsqu'ils assemblent leurs créanciers ; parce que leurs Livres, même étant à jour et corrects, ne présentent point d'un coup d'œil les résultats qu'on cherche dans ces momens ; et d'après leur situation d'esprit et leur défaut de connoissances, ils ne peuvent offrir un bilan convenable et satisfaisant ; et par là, encourrent la censure qui ne devroit tomber que sur des hommes malhonnêtes. Je crains même que beaucoup de gens ne se fassent une excuse de leur ignorance de l'art de tenir les Livres, pour couvrir leur prétendue insolvabilité ; et que, par d'adroites inventions, non seulement n'échappent à la sévérité qu'ils méritoient d'essuyer, mais ne se prévalent de lois salutaires destinées à protéger l'honnête homme seulement. Dans les formes actuelles, il est véritablement impossible de tirer la ligne de démarcation entre l'homme honnête et celui qui ne l'est pas ; car les créanciers n'ont aucun moyen sûr de savoir s'ils sont ou ne sont pas trompés.

Les Livres, par ma méthode, peuvent être constamment à jour, et balancés tous les *mois* ou plus *souvent,* sans la moindre incommodité ; et avec la certitude que lorsqu'ils sont balancés, les comptes sont inévitablement corrects. Car les Livres ne peuvent être complétement rapportés, sans être balancés, ni balancés tant qu'une erreur, même la plus légère, existe.

Quelques heures suffisent au commerçant malheureux pour produire à ses créanciers ses Livres balancés par mon moyen : et les créanciers sont certains qu'il ne peuvent être trompés par un faux bilan ; car il est *impossible* sur des Livres tenus d'après mon plan, de former un faux bilan, sans que la fraude ne soit immédiatement découverte. Et il seroit futile qu'une personne vint donner en excuse de ses mauvaises affaires, son ignorance de la tenue des Livres ; car tout homme qui possède assez d'intelligence pour faire un bordereau, peut en une heure ou deux acquérir une connoissance si complète de ma Nouvelle Méthode simplifiée, qu'il sera en état de tenir ses Livres, ou au moins de juger s'ils sont convenablement tenus par la personne préposée. Alors les créanciers ne seront plus dans le cas de confondre l'homme malheureux avec l'homme de mauvaise foi.

Anciennes Méthodes.	*Nouvelle Méthode.*

Dans les écoles même spéciales , la manière actuelle de tenir les Livres est rarement enseignée avec succès ; et peu de personnes dans les comptoirs possèdent une connoissance parfaite de cette partie.

On se récrie sur le mérite de la tenue des Livres en partie double, parce qu'en balançant , on peut s'apercevoir s'il existe des erreurs ; mais cependant les Livres peuvent se balancer par cette méthode , lorsque les erreurs de chaque côté sont du même montant; ou on peut les faire balancer lorsqu'ils sont remplis d'erreurs ; ou , ce qui est encore pis, un associé ou un commis peut diminuer le débit de son compte, d'un compte quelconque dans le grand Livre ; puis opérer de même sur le crédit de quelque compte nominal dans la feuille ou cahier de balance ; alors les Livres paroîtront balancer avec la plus scrupuleuse exactitude ; et non-seulement on ne peut être certain qu'ils sont justes lorsqu'ils balancent, mais même le plus exercé teneur de Livres, n'a point de règle sûre pour dévoiler les erreurs. Des Livres tenus par cette méthode , ne méritent donc aucune confiance jusqu'à ce que chaque article ait été soumis à l'examen. Mais alors, le laps de temps qu'une pareille opération demanderoit, la fait négliger par les personnes les plus intéressées ; et quand même on en prendroit l'habitude dans chaque comptoir , il seroit encore possible, principalement dans un commerce étendu , de passer de faux articles de manière à ce que, même en pointant de nouveau, on ne pût pas les découvrir. Il n'y a qu'un moyen de reconnoître de pareils articles ; c'est de suivre ma Méthode.

Ma méthode est si simple qu'elle est à la portée d'un écolier ; et j'indiquerai une manière de l'enseigner, qui , si elle est adoptée, ne peut produire qu'un succès assuré. Et certainement , il est aussi nécessaire d'apprendre à tenir les Livres qu'à lire, écrire et calculer.

La grande confiance que les gens d'affaires sont obligés d'avoir en leurs Livres , demande une méthode sur l'exactitude de laquelle on puisse invariablement compter ; et d'une précision telle que la plus légère erreur soit découverte et redressée. *Ma méthode remplit pleinement cet objet* ; et si quelquefois on croit nécessaire d'examiner des Livres tenus d'après ce plan , *mille articles rapportés* peuvent être facilement *pointés* en *une heure* de temps par une *seule personne,* sans la moindre assistance, et sans la possibilité de laisser passer une erreur de la plus modique somme ; car j'ai examiné *cent articles d'un grand Livre en moins de cinq minutes.* Personne, en conséquence, n'est excusable de ne pas repasser ses Livres ; et il est digne de remarque, que la manière simple et facile dont un négociant peut s'assurer de ses profits ou de ses pertes, *détruit la possibilité* que l'homme le plus adroit puisse tromper son associé , s'il possède seulement le sens commun.

Pour vous qui avez été ou craignez d'être trompés , soit par la négligence, l'ignorance, ou l'intention des personnes auxquelles la nécessité vous oblige de donner votre confiance ; il est inutile d'en dire davantage pour déterminer votre choix entre une routine incertaine et accompagnée de beaucoup de travail et d'embarras, et la Méthode facile et sûre que j'ai inventée. Car, quoiqu'aucune invention humaine ne puisse être à l'abri de la possibilité de l'erreur, toujours est-il qu'on doit donner la préférence à un plan d'opération qui, inévitablement, découvrira même la plus légère, et indiquera facilement l'endroit où elle se trouve. Il peut y avoir cependant des personnes qui, sans égard pour ce que j'ai dit, resteront attachées à l'ancienne Méthode ; sans mettre leur talent en question, et même tout en leur accordant la prééminence dans leur profession, je dois néanmoins insister sur la supériorité de la nouvelle Méthode simplifiée ; car quelqu'instruit que vous supposiez un teneur de Livres, comme il ne peut pas prétendre à l'infaillibilité, il est nécessairement exposé aux inconvéniens auxquels les Anciennes Méthodes sont sujettes par leur nature.

Je soumets donc ma Méthode aux Banquiers, Négocians, Marchands, etc., ou à leurs teneurs de Livres, comme également utile et capable de les satisfaire. Ils ne pourront en faire usage sans avoir une preuve convaincante de la certitude des états de situation qu'ils auront à présenter ; elle épargnera au teneur de Livres , beaucoup d'heures pénibles, passées à examiner et à balancer ses Livres ; et empêchera qu'on ne le soupçonne de manquer d'exactitude ou de probité. S'il faut en dire davantage en faveur de ma découverte, je m'adresserai à ceux qui sont exacts dans leurs comptes et emploient les anciennes Méthodes par habitude ou par attachement. Quelques-uns d'entre vous ont adopté la méthode en partie simple, comme moins compliquée que celle en partie double. Mais n'observez-vous pas, que quoique vous ayez choisi la plus simple des deux, vous êtes journellement exposés à souffrir d'une erreur, ou à être trompés par des fraudes, sans qu'il vous soit possible d'empêcher l'effet de ces maux alarmans ? Certes ce n'est pas peu de chose d'abandonner votre fortune à un tel état d'incertitude ; et je suis persuadé que vous devez très-fréquemment vous trouver dans des situations pénibles, faute de pouvoir, d'une *manière positive, vous assurer si vos Livres sont exacts ou non.*

La Méthode que je vous prie maintenant d'examiner, et qui m'a coûté beaucoup de travail, remédiera de la manière la plus complète à tous les inconvéniens dont vous avez à vous plaindre. Si vous préférez la tenue en partie simple, vous pouvez sans inconvéniens y rester attaché, mais que ce soit d'après mon plan ; quelques légers changemens à faire dans votre manière de passer les articles au Journal est tout ce qu'il demande ; sans qu'il soit besoin d'ouvrir un seul compte de plus, ni d'avoir un troisième Livre de quelqu'espèce que ce soit.

En adoptant ma Méthode , vous pourrez rapporter vos Livres tous les jours, et les balancer aussi souvent qu'il vous plaira ; c'est-à-dire, vous pourrez vous assurer d'une manière certaine, et avec une promptitude inconnue jusqu'à ce jour, si vos Livres sont exactement rapportés, et s'ils ne le sont pas, où se trouve l'erreur. L'examen fini, vous aurez une connoissance de l'état de vos affaires aussi entière que vos comptes puissent vous la donner.

Qu'il me soit permis de faire encore quelques observations aux commerçans qui pourroient rester attachés aux anciennes routines. Sur quel fondement, leur demanderai-je, repose votre prédilection pour la vieille Méthode? Je sais que la réponse sera que par elle, vous pouvez balancer vos Livres une ou deux fois l'an; vous assurer s'ils sont rapportés exactement ou non; et connoître avec certitude la situation de vos affaires. Mais cette réponse ne supportera pas l'examen; quoique pour l'appuyer on puisse ajouter la phrase ordinaire : *que pour chaque débit il faut qu'il y ait un crédit; et que pour chaque crédit il faut qu'il y ait un débit.* Hélas ! combien peu de vous considèrent que, s'*il faut* que ce soit ainsi, et que si c'est là la règle prescrite, rien n'est plus aisé que de donner à des Livres l'apparence de l'exactitude; lors même qu'ils sont remplis d'erreurs ou de faux articles passés exprès pour tromper !

Mais en supposant que chaque article soit en règle; et que vos Livres soient exacts, lorsque vous trouvez qu'ils balancent; combien d'embarras, de difficultés et de travail ne faut-il pas pour parvenir à cette balance dans les comptoirs où ces méthodes sont employées; même en supposant qu'on ait mis à rapporter le plus grand soin et l'attention la plus scrupuleuse ?

Balancer des Livres du premier coup, paroît une chose merveilleuse et dont on parle avec étonnement; et la personne qui le fait deux ou trois années de suite, est regardée comme possédant une portion d'infaillibilité ; on lui permet de se vanter hautement d'un tel exploit jusqu'à la fin de ses jours ; mais dans combien peu de comptoirs ceci est arrivé !

La longueur du temps que prend généralement la balance des Livres, et l'incertitude inséparable de chaque partie de cette opération, doivent rendre tout moyen de perfectionnement qui remédieroit à ces maux d'un prix inestimable pour le commerçant. Il est certain qu'il n'existe point en Angleterre de maison de commerce où les Livres soient balancés le jour qui finit l'année ou la demi-année ; peut être n'y en a-t-il pas cinq, où ils soient balancés le jour suivant; ni cent où ils soient balancés dans la semaine ; ni cinq cents enfin, où ils soient balancés dans le courant du mois suivant. Et combien de fois n'arrive-t-il pas, même dans des comptoirs réputés en règle, que cette opération très-importante ne peut s'effectuer en six mois ! Certes ceci est un grand mal, et on doit voir avec plaisir qu'on y a découvert un remède. Mais vous dites que vous êtes attachés à la partie double; soit, je ne vous demande pas de l'abandonner; vos Livres peuvent continuer à être tenus de cette sorte; pourvu que ce soit selon ma méthode; elle ne nécessite aucun état de situation, ni que vous ouvriez aucun compte de plus ou de moins dans le grand Livre, que vous ne le faites maintenant, depuis un bout de l'année jusqu'à l'autre. Cependant il y a un changement ; mais il est clair et simple, et possède les avantages suivans : 1°. *Il réduit le travail ;* 2°. *il permet de rapporter les Livres chaque jour;* 3°. *de les balancer aussi fréquemment que vous le jugerez convenable ;* 4°. *de ne pouvoir ajouter ni omettre telle somme que ce soit, même une fraction de centime, qu'on ne s'en aperçoive inévitablement ;* car on ne peut finir de rapporter, ni de balancer

B

les Livres, tant qu'il y a quelque chose de mal à propos omis ou ajouté, soit de l'un ou de l'autre côté, soit des deux à la fois, de montant égal ou inégal ; et si on recherche l'erreur avec attention, on ne peut pas, quelque nombreux que soient les comptes, rester un jour sans la découvrir.

L'opération de balancer, aussi bien que de tenir les Livres par ma Méthode, est simplifiée jusqu'à la portée d'un écolier, et tellement expéditive, que dans quatre-vingt-dix-neuf comptoirs sur cent, les Livres peuvent être balancés *en deux ou trois heures ;* et dans quelque maison de commerce que ce soit, il ne sera jamais nécessaire de renvoyer au lendemain. Cette opération quoique faite avec tant de diligence, l'est néanmoins avec un degré d'exactitude si évident que, *quand un grand Livre contiendroit mille folios, et dix comptes ou même plus sur chaque folio, il est impossible de se tromper dans la balance d'un seul ;* et que lorsque les balances de tous les comptes du grand Livre sont additionnées, l'ouvrage est achevé et ne demande pas le moindre examen ultérieur. Quelle satisfaction n'est-ce pas pour un négociant, d'arriver par un procédé si simple et en même temps si sûr, à un résultat de la certitude duquel il ne peut jamais douter ; surtout quand il pense quelle pénible incertitude et quelle perplexité accompagnent votre manière actuelle de balancer ; et quelle longueur de temps il vous faut employer dans l'examen de vos Livres, s'ils paroissent inexacts ?

Ayant exposé les avantages de ma Méthode, autant qu'il est nécessaire dans cette introduction ; et ayant démontré les inconvéniens de l'ancien procédé pour tenir les Livres, et la supériorité et l'utilité comparative de celui que j'ai l'honneur de vous proposer, il me reste à vous prier de me juger avec attention et sans partialité.

Je ne puis pas finir sans parler d'une remarque qui a été faite sur le tort que vraisemblablement ma Méthode occasionnera aux personnes employées comme teneurs de Livres, dans les maisons de commerce et de banque. Si cela étoit, je pourrois peut-être, en faveur d'un bien général, entreprendre de justifier un mal particulier ; mais je n'en suis pas réduit à cette désagréable nécessité. L'effet prouvera que cette crainte est mal fondée ; l'occupation du teneur de Livres reste la même ; son ouvrage est seulement débarrassé de ce qui le rendoit une tâche pénible et fastidieuse.

Les teneurs de Livres ne peuvent pas se dissimuler le travail effrayant auquel ils sont assujettis pour examiner et balancer les Livres tenus d'après l'ancienne Méthode ; et ils savent très-bien que malgré tout leur soin, leur attention et leur régularité, ils se trouvent en général dans l'impossibilité de présenter leurs Livres exacts à la fin de l'année, et quelquefois plusieurs mois après.

Lorsque, l'esprit en suspens sur le succès de leur travail d'une année, ils sont parvenus à rassembler sur une feuille de papier les balances de tous les comptes, et que l'addition faite ils s'aperçoivent en pâlissant que le montant des crédits n'égale pas celui des débits ; combien leur situation ne devient-elle pas pénible ! ils examinent les balances, mais inutilement ; ils s'imaginent voir de la confusion à chaque feuillet, et leur esprit est à la torture, parce qu'ils ne peuvent pas découvrir où l'erreur est cachée. Quelques comptes particuliers alors attirent leur attention, ils les repassent; et après quelques heures péniblement employées dans une recherche inutile, ils se retrouvent dans le même état d'incertitude où ils étoient avant de commencer. Examiner article par article tout ce qui s'est fait dans les douze mois qui viennent de s'écouler, se présente pour dernière ressource à leur imagination sous un aspect formidable; cependant il ne faut rien moins que cette opération; et malheureusement encore *elle peut être faite en vain.* En même temps ils ne voient que le mécontentement peint sur la figure de ceux qui les emploient; et ils ne doivent pas s'attendre à autre chose, tant qu'un Négociant ne pourra pas connoître la situation de ses affaires.

Un procédé qui préviendroit toutes ces difficultés, seroit certainement une découverte précieuse et digne de l'attention des Commerçans; ma Méthode présente cet avantage. Ne souffrez donc pas que le préjugé s'oppose à votre intérêt; lisez-la sans partialité; je la soumets à votre jugement. Sa simplicité et son exactitude sont démontrées; je vous prie de l'examiner sans prévention; et je suis persuadé qu'au lieu d'être critiquée, elle recevera votre entière approbation, et l'Auteur vos sincères remercîmens.

Bristol, janvier 1796.

NOUVELLE MÉTHODE

SIMPLIFIÉE

DE LA TENUE DES LIVRES.

Éclaircissemens Préliminaires.

Il pourra paroître superflu aux hommes versés dans l'Art de tenir les Livres, que j'essaye d'expliquer la Méthode développée dans les tableaux qui vont suivre ; cependant, comme je ne dois pas supposer à toutes les personnes, entre les mains de qui cet ouvrage peut tomber, des connoissances dans cette partie, il est nécessaire que je dise un mot de sa nature et de ses effets. Mais avant d'entamer cette matière, il ne sera pas hors de propos, de rechercher quels sont les principes de l'Art de tenir les Livres ; de montrer que les procédés depuis long-temps en usage ne remplissent pas le but proposé ; et enfin de prouver que la nouvelle Méthode simplifiée est telle que je l'annonce, c'est-à-dire, propre à découvrir efficacement les erreurs, à indiquer facilement leur place, et à remédier à tous les désavantages attachés aux anciennes routines en partie simple ou double.

L'Art de tenir les Livres, est une manière méthodique de rendre compte par écrit des opérations d'un commerçant ; au moyen de laquelle il peut s'assurer, non-seulement de l'état du compte de chaque personne avec laquelle il a quelque liaison d'intérêt, mais aussi de la véritable situation de ses propres affaires.

La première chose à observer, est d'établir dans un *Journal* un compte exact du capital, ou des fonds avec lesquels on commence les affaires ; et ensuite d'y décrire, dans l'ordre qu'elle se termine, chaque opération qui cause un changement dans ce capital ; soit par l'achat ou la vente de marchandises, le payement ou la recette de sommes d'argent ; ou telle autre circonstance qui rend débiteur ou créancier de quelqu'un. Et comme il ne peut exister d'opération dont le résultat ne doive se porter au crédit ou au débit de quelque personne, il est seulement nécessaire de s'assurer si la somme appartient au débit ou au crédit de celui avec lequel on a traité ; observant scrupuleusement la nature de l'opération, son objet, sa valeur ou son montant, et de la décrire d'une manière simple et exacte dans le Journal ; telle enfin, qu'on puisse clairement l'entendre.

Mais quoique ce Livre soit de la plus grande importance à cause des renseignemens qu'il peut fournir, cependant s'il étoit seul, on n'en pourroit tirer qu'après beaucoup de travail et d'incertitude, les détails d'un compte particulier, et la situation générale des affaires. Un second Livre de compte devient donc nécessaire, c'est le *grand Livre* ; afin que le commerçant puisse ouvrir un compte à chaque personne de laquelle il achète des marchandises ou reçoit de l'argent ; ou à laquelle il vend ou paye ; transcrivant du Journal, et rapportant aux comptes respectifs dans ce grand Livre la date et le montant de chaque opération. Par ce moyen le grand Livre renfermera toujours le contenu du Journal quoique arrangé dans un ordre différent ; tellement que non-seulement l'état de chaque compte individuel peut toujours être vu d'un coup d'œil ; mais qu'on peut aussi, en ajoutant le montant des marchandises invendues, établir en un moment la situation générale des affaires de la maison, et voir si les spéculations ont donné du profit ou de la perte.

Ayant en peu de mots indiqué l'objet et le procédé de l'Art de tenir les Livres, je vais prouver que les Méthodes maintenant en usage n'atteignent pas le but proposé. La Méthode *en partie simple*, à cause de son peu de complication, réclame en quelque sorte la préférence, et est en conséquence plus généralement adoptée. Mais pour montrer que cette manière est tout à fait insuffisante, j'établirai seulement une proposition. De toutes les personnes qui tiennent leurs Livres d'après cette Méthode, en est-il une seule qui ait jamais pu connoître par le Journal le montant de toutes ses affaires, débit et crédit ; et s'assurer que toutes les sommes ont été exactement rapportées au grand Livre ? Ceci est un point que les commerçans semblent n'avoir jamais attentivement considéré, et cependant on ne peut compter sur rien tant qu'on n'a pas acquis cette certitude. Il est de fait, et on en conviendra généralement, qu'on ne peut parvenir à un semblable résultat par les Méthodes actuelles, que par un procédé incertain, rempli d'inconvéniens, toujours accompagné de la plus grande perplexité, et qui exige un travail presqu'infini. Cette Méthode ne peut donc pas remplir le but que tout négociant doit se proposer.

La certitude est l'ame des affaires ; et peut-on être satisfait lorsqu'on voit par le grand

Livre qu'on a gagné 40,000 francs dans l'année, sans qu'on puisse se démontrer à soi-même qu'on n'en a pas gagné 50,000 ? Si l'on peut parvenir à une telle démonstration, certes le procédé qui la produiroit, devroit être immédiatement adopté par toutes les personnes qui désirent que leurs Livres donnent un état véritable et exact de leurs affaires. Il est inutile, je pense, d'en dire davantage sur ce point.

La méthode *en partie double*, aussi compliquée qu'obscure dans la plupart des comptoirs, renferme quelque chose de mystérieux même dans son nom ; et certainement on n'a jamais employé de Méthode plus *ingénieusement imaginée* pour couvrir l'infamie, quoiqu'elle n'ait pas été inventée dans cette intention. Il est véritablement étonnant de voir tous les préjugés réunis en sa faveur, et surtout les raisons extravagantes à l'aide desquelles on la défend. Mais dans quelques années, j'espère qu'il n'en sera plus question ; peu de mots me suffiront, pour prouver à tout lecteur impartial, que la partie double n'est qu'un moyen adroit de couvrir les plus mauvais desseins.

Les principes de cette Méthode sont, que pour chaque opération de commmerce, il doit y avoir un double article ; de manière que le crédit et le débit de chaque côté du grand Livre puisse balancer ou produire le même montant. Mais ceci prouve-t-il, comme il le devroit, que le montant de chaque article du Journal est contenu dans le grand Livre, et que chaque opération est rapportée au compte convenable ? Combien peu de personnes considèrent, tandis qu'ils comptent sur leur balance, ou sur ce que les deux côtés du grand Livre sont conformes, qu'il est très-aisé de donner à un grand Livre l'apparence de l'exactitude, lorsque dans le même temps il contient des erreurs ou de faux calculs à chaque page, ou des articles passés dans quelques comptes particuliers exprès pour tromper ! Comment des hommes de bon sens peuvent-ils croire que les débits et les crédits d'un grand Livre qui balancent, ou sont de montant égal, soient une preuve qu'il est la représentation fidèle et exacte du Journal ; ce qui, certainement, est le point le plus essentiel en tenant les Livres ! Deux portraits qui seroient semblables, prouveroient-ils qu'ils sont une copie exacte de l'original ? Si je mettois deux pièces d'or de poids égal dans une balance, seroit-ce une preuve que ce poids seroit légal ? Y a-t-il un banquier qui voulut recevoir de l'argent de cette manière ? Mais comme il est absolument nécessaire de balancer les Livres, ne seroit-il pas plus convenable de comparer le montant du grand Livre avec celui du Journal, par une Méthode qui prouveroit si les sommes sont exactement les mêmes ; résultat indispensable pour former une balance parfaite ?

J'étois attaché à la partie double autant peut-être qu'aucune personne au monde ; mais je l'eus bientôt abandonnée, lorsque je découvris qu'elle étoit fondée sur des principes erronés ; puisque la seule chose qu'on cherche, est de balancer le grand Livre ; que cependant, le montant d'un compte, ou le compte lui-même, peut être altéré en faisant la balance, dans la vue de commettre quelque fraude, ou pour corriger des erreurs, provenant de négligence ou d'incapacité.

Persuadé que ces routines ne pourroient jamais remplir le but qu'on s'étoit proposé en les mettant en pratique, je crus qu'il étoit de mon devoir de chercher un remède s'il étoit possible; et je dis, sans crainte d'être démenti, que j'ai complétement réussi à le trouver; tellement qu'un homme doué d'un bon sens ordinaire, peut dorénavant, d'une manière simple et concise, décrire les opérations journalières de son commerce, les rapporter dans le grand Livre à leurs comptes respectifs; et avoir la certitude entière que l'ouvrage est fait exactement; puisque s'il y a une erreur il la découvrira; obtenant ainsi dès l'instant que l'examen est fini, un état de situation de ses affaires. Et certes, il n'y a point de banquier, de négociant, de manufacturier ou de marchand de quelque espèce que ce soit, qui puisse exiger plus que cela; car, qu'il s'agisse de la vente d'une cargaison de sucre ou de coton par un négociant; d'un pain de sucre par un épicier, ou d'une pièce d'indienne par un mercier; la manière de passer l'article est la même; dans l'un ou l'autre cas, on ne peut que débiter, et débiter le compte des personnes qui ont acheté.

Les opérations d'un négociant consistent seulement en débits et crédits à quelques comptes personnels; et les opérations d'un marchand détaillant sont les mêmes; la différence est dans la nature dè leur commerce; la même Méthode de tenir les Livres sert donc également aux deux.

Quoique les exemples que j'ai donnés soient en partie simple, cependant j'ai aussi formé un tableau pour la partie double, sur le même principe d'exactitude; de manière qu'aucune objection fondée ne peut être élevée contre ma Méthode, d'autant plus que sa forme approche beaucoup de celles maintenant en usage. J'ai en outre dressé un autre tableau, pour établir d'une manière facile la diminution progressive et la valeur du capital en marchandises d'un négociant, manufacturier, ou détaillant; et pour déterminer chaque mois le profit ou la perte. Ce tableau rend la partie double entièrement inutile; puisque si l'on veut connoître le profit ou la perte de quelque article ou de quelque spéculation en particulier, on peut faire usage d'un Livre de compte de vente, distinct du Journal et du grand Livre; par ce moyen on n'ouvrira que des comptes personnels, et ils suffiront. Le grand Livre, alors, indiquera, étant rapporté, la différence exacte entre ce qu'une personne doit et ce qui lui est dû; et sans qu'il soit besoin de faire la balance d'aucun compte particulier. Certes, c'est obtenir une connoissance bien précieuse, par un procédé aussi expéditif que nouveau.

Afin qu'aucun banquier, négociant ou manufacturier ne soit arrêté par la forme toute nouvelle de ma Méthode, ou ne la condamne comme inapplicable à ses affaires, parce que je ne traite pas des articles particuliers qui le concernent ; que chacun écrive quelques-unes de ses opérations suivant ma Méthode, et alors il trouvera que l'exactitude et la certitude qu'elle comporte, sont une excuse suffisante pour la nouveauté de sa forme ; bientôt elle deviendra familière, et prouvera complétement qu'aucune autre qu'elle, n'est nécessaire pour quelque commerce que ce soit. On trouvera que c'est en même temps le moyen le plus court et le plus certain d'en connoître parfaitement la marche, surtout si on lit un peu attentivement l'explication que je vais en donner.

La première chose qui appellera mon attention, est d'indiquer comment on doit établir dans le Journal, les opérations de commerce dans l'ordre qu'elles se terminent, de manière à être clairement entendu ; je montrerai ensuite quelle Méthode il faut suivre dans l'arrangement simple et exact des sommes dans le grand Livre, afin qu'on puisse rapporter au compte de chaque personne, la date et le montant des opérations pour lesquelles elle doit être débitée ou créditée ; tellement qu'on puisse dire avec assurance : « Je sais que chaque article pour achat de marchandises ou argent reçu, est exactement rapporté au crédit de son compte respectif ; et que le montant de tout l'argent que j'ai payé, et de toutes les marchandises que j'ai vendues, est fidèlement rapporté au débit du compte des personnes que cela concerne ; et je puis dans tous les temps, sans faire aucun extrait de mes Livres, présenter l'état de situation de mes affaires en un seul point de vue, déterminer le profit ou la perte de mon commerce, et prouver démonstrativement que le tout est exact ». Afin d'en venir là, on doit avoir attention que les Livres soient rayés convenablement, et alors il sera impossible d'errer dans l'arrangement des articles d'après ma Méthode, qui se réduit à un procédé simple, ainsi qu'on va le voir dans l'explication suivante.

EXPOSITION ET EXPLICATION

DE LA NOUVELLE MÉTHODE.

Lorsqu'un négociant commence les affaires, soit seul, soit avec des associés, il doit s'ouvrir un compte dans le grand Livre ; écrivant d'abord dans le Journal, et ensuite au crédit de son compte, le montant du capital qu'il met dans le commerce. Ce compte peut porter son nom, ou seulement celui de *capital*. En conséquence si vous avancez des fonds, voyez si vous en êtes crédité, comme A. B. Hardy, l'est dans le premier article du modèle du Journal ; et le caissier doit être débité du montant. Je dis le *caissier* et non la *caisse*, car le compte de caisse étant un compte personnel d'une très-grande importance, le nom du caissier doit toujours se mentionner dans le grand Livre. Une attention scrupuleuse sur ce point, auroit prévenu beaucoup de disputes, dont j'ai été

C

témoin à la dissolution de sociétés ; et les créanciers des faillis n'auroient pas si souvent lieu de se plaindre, si cette mesure étoit prescrite par la loi.

Si vous achetez des marchandises, créditez la personne qui vous les a vendues. Lorsque vous vendez, débitez la personne qui vous achète. Si vous comptez de l'argent, débitez la personne à laquelle vous payez, non-seulement pour ce que vous déboursez, mais aussi pour toute espèce d'escompte ou de bonification qu'il pourroit vous accorder ; et donnez crédit au caissier, pour le montant net de ce qu'il a payé. Si vous recevez de l'argent, créditez la personne de laquelle vous recevez, non-seulement pour ce qu'elle paye, mais pour toute espèce d'escompte ou de bonification que vous pourriez lui accorder ; et débitez le caissier du montant net de ce qu'il aura reçu. Ayez soin de n'admettre dans ces articles rien de mystérieux ou d'obscur, mais seulement un simple exposé du fait ; n'y mettant aucun mot inutile, et évitant tous termes et toutes phrases techniques, excepté les mots *doit* et *avoir*, ou plutôt *débit* et *crédit*, qui sont clairs et précis, et les seuls termes qui soient applicables à chaque opération, et doivent commencer chaque article. Les exemples que j'ai donnés sur ce point, seront un guide suffisant pour les commençans ; et je ne doute point que les personnes de talens consommés et de la plus grande expérience, ne trouvent après un moment de réflexion, qu'aucune autre forme d'articles n'est nécessaire. Et s'il en est ainsi, pourquoi les Livres d'un négociant ou d'un marchand, seroient-ils remplis du ridicule et mystérieux galimathias qu'on trouve à chaque page de ceux tenus en partie double ; tels que : *divers doivent à divers ; A. B. doit à vin, vins doivent à profits et pertes ; C. D. doit à bois, etc., etc.?* Car si A. B. doit de l'argent à *vin*, pourquoi ne pas laisser *vin* aller en recouvrement ? Et si A. B. ne doit point d'argent à *vin*, pourquoi passer l'article de manière à embrouiller l'esprit d'une personne qui n'est pas habituée à ces sortes de tournures ? On me répondra que cela est nécessaire pour former la partie double. Mais comme je suis certain que, *de toutes les personnes maintenant occupées de commerce,* il n'en est pas une qui puisse prouver, que les Livres tenus par les anciennes Méthodes soient justes, je persiste à dire, que personne ne devroit tenir ses Livres par ces routines, parce qu'en les suivant, on est continuellement dans le cas d'être trompé par des fraudes ou des erreurs, et qu'en conséquence elles devroient être totalement *abolies.*

Si je prends un écolier pour tenir des Livres, quelles sont les instructions nécessaires que je lui donnerai ? Thomas achète de moi du drap ; j'en parle au jeune homme afin qu'il l'écrive, lui disant : *débitez Thomas de Bristol, pour 20 mètres de draps, à 22 francs.* Il n'a qu'à écrire les mots dont je me sers, et l'article sera passé d'une manière claire, précise et convenable, lorsque le montant sera calculé et porté à la colonne destinée à le recevoir. Si j'achète des marchandises, je dis : *créditez Jean de Rouen, 500 pièces indiennes, à 33 fr., 60 c.,* et ainsi de suite, *pour toute espèce d'opérations.* Y a-t-il rien de plus simple et de plus aisé à entendre que ceci ? Certainement non ;

toute autre chose est parfaitement inutile ; tellement que lorsque un écolier aura passé quelques articles, il comprendra facilement comment doit être tenu le Journal.

Mais comme il arrive que dans tous les comptoirs on est quelquefois pressé par les affaires, et qu'alors on peut porter au crédit d'un compte, un article qui auroit dû être au débit, et réciproquement ; j'ai essayé de remédier à cet inconvénient autant que possible, en ayant seulement une colonne pour recevoir le montant de chaque article, soit débit, soit crédit, au moment de le passer. Et pour la commodité de séparer les débits des crédits, avant de rapporter, opération indispensable pour empêcher la confusion et la perplexité, j'ai deux autres colonnes sur la même page ; celle du côté gauche, dans laquelle le montant de chaque débit doit être soigneusement rangé ; et celle du côté droit pour les crédits ; ces colonnes doivent s'additionner chaque mois ; la colonne des débits et crédits formant un total à elle seule, celle des crédits un second total, et celle des débits un troisième total ; ce second et troisième total ajoutés ensemble doivent donner une somme égale au premier, ou le travail n'est pas fait exactement. Par ce moyen, le commerçant peut obtenir, chaque mois, une situation de ses affaires, telle, qu'il verra combien il doit dans ce mois, et combien il lui est dû ; et les débits d'un temps donné, étant ajoutés ensemble, avec la valeur des marchandises invendues, la somme qui en proviendra sera, après en avoir soustrait le montant des crédits, le bénéfice produit par les opérations ; ainsi qu'on peut le voir à la fin du Journal. Lorsque les profits ou les pertes d'un commerce peuvent se connoître d'une manière si simple et si évidente, il faut qu'un associé soit dépourvu de sens commun, s'il ne peut pas voir ce qui revient à chacun en proportion de son intérêt.

Le Journal en partie double est à peu près le même qu'en partie simple, et n'exige pas de plus ample explication, ainsi qu'on en peut juger par le modèle que j'en ai donné. Mais il y a un degré de perfection dans ma Méthode en partie double, que ne doivent pas laisser échapper *les personnes attachées* à cette manière ; la balance peut se faire d'un moment à l'autre, sans qu'il soit besoin de se donner la peine de solder aucun compte particulier, mais seulement en additionnant le grand Livre ; puisqu'il ne suffit pas que le débit et le crédit de celui-ci soient parfaitement conformes entre eux, mais qu'il faut encore qu'ils correspondent exactement au débit et au crédit du Journal ; tellement que, quelque somme que ce soit, même la fraction d'un centime, ne puisse être ni ajoutée ni retranchée sans être aperçue ; et le seul talent nécessaire, est d'être en état de faire une addition. Cette Méthode n'est-elle donc pas simplifiée jusqu'à la capacité d'un écolier ; tandis que l'ancienne manière de faire la balance, embarrasse et fatigue les hommes les plus versés dans cette partie, souvent pendant plusieurs mois de suite ? Mais outre que ma Méthode n'exige point que vous soldiez aucun compte en particulier, elle a cet avantage, que la différence du total de chacune des colonnes, désigne quel doit être le total des balances sur chaque folio.

C 2

Qu'un négociant dont les Livres sont tenus selon l'ancienne manière, prenne son Journal, dans lequel tous les articles sont supposés définitivement passés, le compare avec son grand Livre, et voie s'il pourra prouver qu'ils sont conformes. Il ne tardera pas à se convaincre que l'entreprise est entièrement vaine; et cependant, des sommes très-considérables ont pu entrer dans le Journal, sans avoir jamais passé dans le grand Livre. On sent assez que ceci n'est pas un léger inconvénient, et qu'il est urgent d'y obvier. Ces considérations suffisent, je pense, pour convaincre toute personne impartiale de la supériorité de ma Méthode.

Le modèle que j'ai donné d'un Livre de caisse, répond également à l'une et à l'autre manière, et est fait sur un tel plan, qu'on ne peut pas se tromper dans l'addition d'une page sans s'en apercevoir. Mais un Livre de caisse devient inutile, si les opérations au comptant sont passées au Journal comme elles doivent l'être; dans les deux cas, la balance du compte du caissier se trouvera dans le grand Livre.

Nous allons maintenant nous occuper de *rapporter* : cette opération commence en ouvrant un compte dans le grand Livre, suivant les exemples que j'en ai donnés, à chaque personne au débit ou au crédit de laquelle il y a un article de passé dans le Journal ; *assignant à chaque compte une lettre qu'on emploira comme une marque que l'article a été rapporté.* Le nom de la personne, le lieu de sa résidence, et le folio du grand Livre, doivent ensuite s'écrire à l'alphabet; *plaçant à la suite du nom, la même lettre qu'on aura assignée au compte dans le grand Livre ;* conformément au modèle annexé.

Alors, le folio du grand Livre sur lequel le compte est ouvert, et qui se trouvera dans l'alphabet, se notera vis-à-vis chaque article du Journal et dans la colonne désignée ; puis, la date et le montant de chaque débit se rapporteront dans les colonnes du grand Livre destinées à les recevoir, à la gauche de son compte respectif; mettant, à chaque somme dans le Journal, à la place du point ou du trait jusqu'à présent employé pour pointer, la même lettre assignée au compte du grand Livre, *auquel cette somme doit se rapporter.* Observant que les débits de vendémiaire, brumaire, frimaire, etc., doivent être rapportés *dans les colonnes de ces mois* dans le grand Livre ; et les crédits rapportés de la même manière ; remplissant le compte dans le centre, à l'expiration de chaque mois, du montant des opérations de ce même mois, détaillées à leur côté respectif. On a ainsi, dans un petit espace, l'état général du compte d'une personne pendant l'année; dans les colonnes de droite et de gauche, le montant de chaque opération, séparément; et dans le centre, la situation de chaque mois.

Ayant décrit le procédé de ma Méthode de tenir les Livres, je vais faire voir comment on doit *pointer* les Livres ainsi tenus, de manière à acquérir la certitude absolue que le grand Livre est la représentation fidèle du Journal ; c'est-à-dire, que non-seulement le montant de chaque article soit exactement rapporté ; mais encore qu'il le soit au crédit ou au débit du compte auquel il appartient.

Cette manière de *pointer* diffère de celles employées jusqu'à présent, autant par l'expédition, que par le degré de certitude qui accompagne l'opération ; puisqu'il est seulement nécessaire d'additionner les colonnes du grand Livre d'un bout à l'autre, suivant le modèle donné ; et le montant de ces colonnes, s'il est juste, doit s'accorder avec le montant des colonnes du Journal correspondant au même espace de temps.

Ces additions doivent avoir lieu une fois le mois, et si les sommes totales ne sont pas conformes, on doit alors, *mais seulement alors*, recommencer à pointer ; et lorsque le nombre des mois, soit un, deux, trois ou quatre, qu'on donne à chaque colonne est rempli, le total en doit être mis au bas de la page, et transporté au bas de la page suivante, et ainsi jusqu'au dernier compte ; ayant soin que le montant des articles du Journal, soit réuni en un total général pour le même espace de temps, de la manière que je l'ai fait dans le modèle. Or, il faudroit qu'un homme fut privé de la portion ordinaire de sens commun pour dire, ou même pour penser un moment, que les colonnes du Journal et celles du grand Livre répondant au même espace de temps, pussent être conformes au total, et que cependant il seroit possible qu'une erreur y existât sans être découverte. Ce seroit vouloir perdre le temps, pour ne rien dire de plus, que d'insister sur ce point.

Mais quoique cette opération doive prouver que le grand Livre renferme tout le contenu du Journal, et rien de plus ou de moins, cependant elle ne seroit point complète sans un moyen de s'assurer si chaque article est rapporté à son compte respectif et point à d'autre. A quelques personnes, je le sais, ceci pourra paroître de peu de conséquence, spécialement à ceux qui disent : *Si j'omets de porter un article dans le compte de quelqu'un, s'il est honnéte homme, il m'en fera apercevoir en réglant définitivement.* Mais cette négligence ne sera plus dangereuse par la Méthode suivante.

J'ai établi comme règle, qu'une lettre, *de la forme qu'on voudra choisir*, seroit assignée à chaque compte du grand Livre, et la même lettre écrite à côté du Nom dans l'alphabet. Ces lettres étant employées comme signes que l'article est rapporté, et mises vis-à-vis chaque somme du Journal, à mesure qu'on rapporte ; il est donc seulement nécessaire de comparer, et voir si la lettre mise en regard de l'article au Journal, répond au même nom dans l'alphabet. Une différence indique nécessairement une erreur. Dans le cas contraire, tout est juste.

A la fin de l'année, ou dans tout autre temps, lorsqu'on balance les comptes ; si on n'a point de raisons pour que les profits des opérations ne paroissent point dans les Livres, on peut entrer dans le Journal les marchandises invendues à prix d'achat ; soit la valeur en un seul article, ou avec détail, comme on le jugera bon ; puis on leur ouvrira un compte dans le grand Livre, au débit duquel on portera le montant total. L'addition générale du grand Livre doit alors se compléter ; et si elle est conforme à celle du Journal, et au montant des sommes placées au bas des colonnes, alors on peut soustraire les débits des crédits, et on aura le bénéfice de son commerce ; à moins que les crédits ne dépassent les débits, ce qui indiqueroit de la perte.

En établissant les balances du grand Livre, une règle est à observer, à l'aide de laquelle *on ne peut pas se tromper* : à mesure que vous avancez, prenez la différence entre les débits et les crédits de chaque folio, et comparez-la avec la différence des balances actives et passives ; si elles sont conformes, l'opération est juste, autrement non. Ainsi sur le premier folio du modèle de grand Livre annexé, le montant total des crédits est... 199,197 fr. 60 c.
Le montant total des débits.. 165,688   80

Différence,   33,508 fr. 80 c.

Montant des balances du crédit.....................75,600 fr. « c.
Montant des balances du débit 42,091   20

Différence égale,   33,508 fr. 80 c.

Par ce moyen, chaque folio sera vérifié progressivement, et *les balances de dix mille grands Livres*, tenus d'après cette méthode, *ne peuvent pas être mal établies, sans qu'on s'en aperçoive.*

Une description plus détaillée de l'opération, et de la manière de pointer, devient inutile, si l'on veut se rendre à l'invitation que j'ai faite à chacun, d'écrire quelques-unes de ses propres opérations d'après mon plan. De cette manière, la Méthode deviendra bientôt familière.

Il est digne de l'attention de tout commerçant intelligent et honnête, de considérer que par la méthode que je viens d'exposer, aucune erreur ne peut exister sans être découverte, si l'article a été d'abord passé exactement. Il n'y aura donc plus rien à disputer entre les associés ou leurs héritiers ; et un homme insolvable ne pourra plus tromper ses créanciers par un faux bilan. Car son grand Livre doit faire voir le montant de toutes ses opérations, débit et crédit ; et la différence du total entre les deux côtés, montrera ce qu'il doit ou ce qui lui est dû. Cette somme, et la valeur des marchandises en magasin, donnant l'état exact de son *Avoir*, il doit rendre compte du déficit. Si ses créanciers le soupçonnent, ils n'ont qu'à additionner ses Livres, afin de s'assurer s'ils sont justes ou non ; et s'ils découvrent quelques ratures dans le montant des différentes colonnes du Journal ou du grand Livre, il doit en donner une raison claire et satisfaisante, ou être regardé comme un malhonnête homme. Car le total au bas des différentes colonnes ne doit, dans aucun cas, être écrit qu'on ne l'ait trouvé Juste ; et comme il ne peut devenir faux après avoir été une fois juste, on ne doit jamais permettre qu'il y soit fait aucun changement.

Nous allons maintenant exposer les moyens d'enseigner la nouvelle Méthode dans les Écoles.

PLAN D'ENSEIGNEMENT

De la Nouvelle Méthode simplifiée de la tenue des Livres,
Dans les Écoles.

Que chacun des articles du modèle du Journal, ou un nombre suffisant d'autres articles qu'on croira plus convenables, soit copié sur des morceaux de papier, à peu près comme les exemples d'écriture dans les écoles ; et que les enfans qui doivent apprendre à tenir les Livres fassent des affaires nominales, soit seuls, soit, ce qui vaudroit encore mieux, avec des associés. Ils commenceront par avancer leur capital, et ensuite iront au maître ou à leurs condisciples acheter les articles avec lesquels ils prétendent trafiquer. Ils les recevront écrits sur des carrés de papier, et les revendront de la même manière à d'autres écoliers ; ayant soin d'écrire régulièrement chaque opération dans l'ordre qu'elle se passera. Le maître veillera à ce qu'ils fassent et reçoivent leurs payemens exactement, quelquefois en argent, quelquefois en mandats, et d'autres fois en billets à ordre ; il veillera aussi à ce qu'ils obtiennent ou accordent des escomptes et des bonifications ; donnent et prennent des bordereaux ; n'omettant, en un mot, rien de ce qui peut arriver dans le cours des affaires d'une maison de commerce, et de ce qui est à leur portée. On doit mettre le plus grand soin à leur expliquer la nature des différentes opérations, afin qu'ils puissent parfaitement les comprendre avant de les entrer dans leurs Livres. Et si on leur met fréquemment sous les yeux l'introduction et l'explication de cet ouvrage, ils ne peuvent manquer de se familiariser assez avec la théorie de ma méthode, pour pouvoir se diriger ensuite seuls dans toutes leurs opérations ultérieures. Ce plan sera, je pense, assez facilement entendu des instituteurs, pour qu'il soit inutile d'en dire davantage sur ce sujet.

JOURNAL.

Doit				PARIS, *VENDÉMIAIRE AN X.*	D'. et Av'.			Avoir
			1	Av'. Ab. Hardy, Paris, espèces p. son capital	36,000	1	a	36,000
				. . Ch. Sage, idem. . . . . . .idem.	36,000	1	b	36,000
72,000	c	1	.	D'. Ab.-H. Caissier, p. espèces en caisse.	72,000			
			2	Av'. Antonio, Malaga, 40 pipes vin de Malaga, à 600 fr. .	24,000	2	f	24,000
				. . Lettres et billets à payer; accepté la traite d'Antonio, p. le montant de son vin, payable au 1er. prairial.	24,000	2	g	24,000
24,000	f	2	.	D'. Antonio, Malaga, p. notre acceptation à sa traite . . .	24,000			
				Av'. Caissier, pour le frêt de mer et de rivière, droits et autres frais des 40 pipes vin Malaga, suivant reçus.	18,000	1	c	18,000
				. . Jean, Rouen, pour 500 pièces indiennes, à 33 fr. 60 c.	16,800	2	h	16,800
				. . Henry, Elbœuf, 1000 mètr. drap comm., à 18 fr . .	18,000	3	i	18,000
				. . Simon, Sedan, 1000 mètr. casimir ord., à 9 fr. . .	9,000	3	j	9,000
				. . Caissier, payé le transport, etc., de ces marchandises .	492	1	c	492
420	d	2	3	D'. Thomas, Paris, 20 mètr. drap, à 21 fr.	420			
210	e	2	.	. . David, id., 10 mètr. id., . . . 21 fr.	210			
600	l	3	.	. . Bernard, id., 20 mètr. id., . . . 21 fr. . . . . { 420 / 5 pièces indiennes, 36 fr. . . . . . { 180	420 / 180			
1200	k	3	8	. . Ambroise, id., 1 pipe vin Malaga, à.	1,200			
1614	m	4	10	. . Bertin, id., 1 id., . . . id . . . . . . { 1,200 / 20 mètr. drap, à 20 fr. 70 c. . . . . { 414	1,200 / 414			
420	n	4	.	. . Samuel, Passy, 20 mètr. id. . . 21 fr.	420			
1035	o	4	12	. . George, Paris, 50 mètr. id. . . 20 fr. 70 c. . . .	1,035			
840	t	5	.	. . Baptiste, id., 40 mètr. id. . . 21 fr.	840			
420	p	4	.	. . Le Jeune, id., 20 mètr. id. . . 21 fr.	420			
630	q	4	15	. . Claude, id., 30 mètr. id. . . 21 fr.	630			
420	r	5	.	. . Jacques, id., 20 mètr. id. . . 21 fr.	420			
828	v	6	.	. . Armand, Chaillot, 40 mètr. id. . . 20 fr. 70 c. . . .	828			
			17	Av'. Ambroise, Paris, reçu de lui	1,200	3	k	1,200
1200	c	1	.	D'. Caissier, id., espèces reçues d'Ambroise	1,200			
240	d	2	18	. . Thomas, id., 20 mètr. casimir, à 12 fr.	240			
114	e	2	.	. . David, id., 10 mètr. id., . . . 11 fr. 40 c. . . .	114			
228	l	3	.	. . Bernard, id., 20 mètr. id., . . . 11 fr. 40 c. . . .	228			
			21	Av'. Bertin, id., reçu de lui p. du vin	1,200	4	m	1,200
1200	c	1	.	D'. Caissier, id., p. espèces reçues de Bertin	1,200			
222	n	4	.	. . Samuel, Passy, 20 mètr. casimir, à 11 fr. 10 c. . .	222			
222	m	4	25	. . Bertin, Paris, 20 mètr. id., . . . 11 fr. 10 c. . .	222			
540	o	4	.	. . George, id., 50 mètr. id., . . . 10 fr. 80 c. . . .	540			
456	t	5	.	. . Baptiste, id., 40 mètr. id., . . . 11 fr. 40 c. . . .	456			
228	p	4	27	. . Le Jeune, id., 20 mètr. id., . . . 11 fr. 40 c. . . .	228			
333	q	4	.	. . Claude, id., 30 mètr. id., . . . 11 fr. 10 c. . . .	333			
228	r	5	.	. . Jacques, id., 20 mètr. id., . . . 11 fr. 40 c. . . .	228			
444	v	6	29	. . Armand, Chaillot, 40 mètr. id., . . . 11 fr. 10 c. . . .	444			
110,292				. . . . *Total de Vendémiaire.*	294,984			184,692

B R U M A I R E.

Doit					D'. et Av'.			Avoir
624	d	2	2	D'. Thomas, Paris, 1 demi-pipe malaga, à 248 fr. la pipe.	624			
1224	t	5	.	. . Baptiste, id., 1 pipe, id.	1,224			
444	l	3	.	. . Bernard, id., 40 mètr. casimir, à 11 fr. 10 c. . . .	444			
				Av'. Caissier, payé ports de lettres et menus frais le mois dern'.	60	1	c	60
186	e	2	5	D'. David, Paris, 5 pièces indiennes, à 37 fr. 20 c. . .	186			
372	m	4	.	. . Bertin, id., 10 pièc. id., ... 37 fr. 20 c. . .	372			
456	v	6	7	. . Armand, Chaillot, 40 mètr. casimir, . . 11 fr. 40 c. . .	456			
3000	s	5	.	. . Guillaume, id., 1 pipe malaga. . . . . { 1,200 / 40 mètr. drap, à 20 fr. 70 c. . . . . { 828 / 20 mètr. casimir, à 11 fr. 40 c. . . . . { 228 / 20 pièces indiennes, à 37 fr. 20 c. . . . { 744	1,200 / 828 / 228 / 744			
116,598				. . . . . . *Vendémiaire et Brumaire transportés.*	301,350			184,752

BRUMAIRE.

Doit	c	f°	p	j		D'. et Av'.	c		f°	Avoir	c
116,598	.	.	.	.	. . . . . *Transport de Vendémiaire et Brumaire.*	301,350	.	.	.	184,752	.
				10	Av'. Thomas, Paris, reçu de lui p. vin	624	.	2	d	624	.
624	.	c	1	.	D'. Caissier, espèces reçues de Thomas . . .	624	.				
840	.	d	2	.	. . Thomas, id., 40 mètr. drap, à 21 fr.	840	.				
420	.	e	2	.	. . David, id., 20 mètr. id. . . 21 fr.	420	.				
720	.	l	3	.	. . Bernard, id., 20 pièc. indien. . 36 fr.	720	.				
744	.	t	5	15	. . Baptiste, id., 20 pièc. id., . . 37 fr. 20 c. . . .	744	.				
					Av'. Baptiste, id., reçu de lui p. vin.	1,224	.	5	t	1,224	.
1,224	.	c	1	.	D'. Caissier, p. espèces reçues de Baptiste	1,224	.				
414	.	m	4	19	. . Bertin, id., 20 mètr. drap, à 20 fr. 70 c. . .	414	.				
732	.	v	6	.	. . Armand, Chaillot, 20 pièc. indien. . 36 fr. 60 c. . .	732	.				
1,098	.	d	2	21	. . Thomas, Paris, 30 pièc. id., . . 36 fr. 60 c. . .	1,098	.				
414	.	t	5	.	. . Baptiste, id., 20 mètr. drap, . 20 fr. 70 c. . .	414	.				
				25	Av'. Guillaume, Chaillot, reçu p. vin.	1,200	.	5	s	1,200	.
1,200	.	c	1	.	D'. Caissier, espèces reçues de Guillaume . . .	1,200	.				
621	.	l	3	27	. . Bernard, Paris, 30 mèt. drap, à 20 fr. 70 c. . .	621	.				
125,649	.	.	.	.	. . . . . . *Total de Vendémiaire et Brumaire.*	313,449	.	.	.	187,800	.

FRIMAIRE.

Doit	c	f°	p	j		D'. et Av'.	c		f°	Avoir	c
228	.	m	4	1	D'. Bertin, Paris, 20 mètr. casimir, à 11 fr. 40 c. . .	228	.				
					Av'. Bertin, id., reçu de lui	636	.	4	m	636	.
636	.	c	1	.	D'. Caissier, espèces reçues de Bertin	636	.				
228	.	t	5	.	. . Baptiste, id., 20 mètr. casimir, à 11 fr. 40 c . . .	228	.				
					Av'. Baptiste, id., reçu de lui	1,296	.	5	t	1,296	.
1,296	.	c	1	.	D'. Caissier, espèces reçues de Baptiste. . . .	1,296	.				
					Av'. Le même, p. ports de lettres et divers frais le mois dernier.	36	.	1	c	36	.
				3	. . Armand, Chaillot, autant qu'il a payé	1,272	.	6	v	1,272	.
1,272	.	c	1	.	D'. Caissier, reçu d'Armand	1,272	.				
828	.	v	6	.	. . Armand, id., 40 mètr. drap, à 20 fr. 70 c. . . .	828	.				
					Av'. Thomas, Paris, reçu de lui	660	.	2	d	660	.
660	.	c	1	.	D'. Caissier, espèces reçues de Thomas. . . .	660	.				
1,242	.	d	2	.	. . Thomas, id., 60 mètr. drap, à 20 fr. 70 c. . . .	1,242	.				
					Av'. Bernard, id., p. espèces qu'il a comptées	828	.	3	l	828	.
828	.	c	1	.	D'. Caissier, reçu de Bernard	828	.				
333	.	l	3	.	. . Bernard, id., 30 mètr. casimir, à 11 fr. 10 c. . . .	333	.				
				10	Av'. David, id., autant qu'il a payé	324	.	2	e	324	.
324	.	c	1	.	D'. Caissier, reçu de David.	324	.				
228	.	e	2	.	. . David, id., 20 mètr. casimir, à 11 fr. 40 c . . .	228	.				
828	.	k	3	13	. . Ambroise, id., 40 mètr. drap, . . 20 fr. 70 c. . . .	828	.				
				15	Av'. Samuel, Passy, reçu en espèces	642	.	4	n	642	.
					. . George, Paris, id., (bonifié 60 c.)	1,575	.	4	o	1,575	.
					. . Le Jeune, id., id.	648	.	4	p	648	.
					. . Jacques, id., id.	648	.	5	r	648	.
					. . Claude, id., id. (bonifié 3 fr.)	963	.	4	q	963	.
4,472	40	c	1	.	D'. Caissier, p. espèc. reçues des cinq qui précèdent.	4,472	40				
1,098	.	d	2	19	. . Thomas, Paris, 30 pièc. indiennes, à 36 fr. 60 c. . .	1,098	.				
558	.	l	3	.	. . Bernard, id., 15 pièc. id. . . . . 37 fr. 20 c. . .	558	.				
384	.	t	5	21	. . Baptiste, id., 10 pièc. id. . . . . 38 fr. 40 c. . .	384	.				
378	.	e	2	.	. . David, id., 10 pièc. id. . . . . 37 fr. 80 c. . .	378	.				
378	.	m	4	25	. . Bertin, id., 10 pièc. id. . . . . 37 fr. 80 c. . .	378	.				
732	.	v	6	.	. . Armand, Chaillot, 20 pièc. id. . . . . 36 fr. 60 c. . .	732	.				
4,800	.	j	3	27	. . Simon, Sedan, p. notre remise	4,800	.				
7,200	.	h	2	.	. . Jean, Rouen, id.	7,200	.				
8,400	.	i	3	.	. . Henry, Elbœuf, id.	8,400	.				
					Av'. Caissier, p. les trois remises ci-dessus	20,400	.	1	c	20,400	.
420	.	d	2	30	D'. Thomas, Paris, 20 mètr. drap, à 21 fr.	420	.				
163,400	40	.	.	.	. . . . . *Total de Vendémiaire, Brumaire et Frimaire.* . . .	381,128	40	.	.	217,728	.

Doit	c.			j	*N I V O S E.*	D'. et Av'.			Avoir
				1	Av'. Caissier, p. ports de lettres et divers frais le mois dern'.	18	1	c	18
					. . Thomas, Paris, reçu de lui.	1,938	2	d	1,938
					. . Baptiste, id., id.	1,158	5	t	1,158
					. . Bernard, id., id.	1,785	3	l	1,785
4,881		c	1		D'. Caissier, p. espèces reçues des trois personnes ci-dessus.	4,881			
828		d	2	2	. . Thomas, Paris, 40 mètr. drap d'Elbœuf, à 20 fr. 70 c.	828			
621		l	3		. . Bernard, id., 30 mètr. id. . . . 20 fr. 70 c.	621			
1,020		t	5		. . Baptiste, id., 50 mètr. id. . . . 20 fr. 40 c.	1,020			
					Av'. David, id., espèces reçues de lui	606	2	c	606
606		c	1		D'. Caissier, p. ce qu'il a reçu de David.	606			
444		e	2		. . David, id., 40 mètr. casimir, à 11 fr. 10 c.	444			
				4	Av'. Bertin, id., autant qu'il nous a compté.	786	4	m	786
786		c	1		D'. Caissier, reçu de Bertin.	786			
540		m	4		. . Bertin, id., 50 mètr. casimir, à 10 fr. 80 c.	540			
				7	Av'. Armand, Chaillot, p. ce qu'il nous a payé	1,188	6	v	1,188
1,188		c	1		D'. Caissier, reçu d'Armand.	1,188			
342		v	6		. . Armand, id., 30 mètr. casimir, à 11 fr. 40 c.	342			
				11	Av'. Guillaume, id., reçu de lui	1,800	5	s	1,800
1,800		c	1		D'. Caissier, reçu de Guillaume	1,800			
414		s	5		. . Guillaume, id., 20 mètr. drap, à 20 fr. 70 c.	414			
828		r	5	15	. . Jacques, Paris, 40 mètr. id. . . 20 fr. 70 c.	828			
621		q	4		. . Claude, id., 30 mètr. id. . . 20 fr. 70 c.	621			
1,020		t	5	19	. . Baptiste, id., 50 mètr. id. . . 20 fr. 40 c.	1,020			
420		p	4		. . Le Jeune, id., 20 mètr. id. . . 21 fr.	420			
621		o	4		. . George, id., 30 mètr. id. . . 20 fr. 70 c.	621			
828		n	4		. . Samuel, Passy, 40 mètr. id. . . 20 fr. 70 c.	828			
1,035		k	3	23	. . Ambroise, Paris, 50 mètr. id. . . 20 fr. 70 c.	1,035			
9,600		h	2		. . Jean, Rouen, notre remise p. s. c.	9,600			
					Av'. Caissier, p. notre remise à Jean.	9,600	1	c	9,600
1,224		t	5	25	D'. Baptiste, Paris, 1 pipe vin de Malaga.	1,224			
624		l	3		. . Bernard, id., 1 demi-pipe id.	624			
684		d	2		. . Thomas, id., 60 mètr. casimir, à 11 fr. 40 c.	684			
4,200		j	3	27	. . Simon, Sedan, p. notre remise de ce jour.	4,200			
					Av'. Caissier, notre remise à Simon	4,200	1	c	4,200
1,464		l	3		D'. Bernard, Paris, 40 pièc. indiennes, à 36 fr. 60 c.	1,464			
9,600		i	3	29	. . Henry, Elbœuf, à lui compté ce jour	9,600			
					Av'. Caissier, payé à Henry	9,600	1	c	9,600
1,860		d	2	30	D'. Thomas, Paris, 50 pièces indiennes, à 37 fr. 20 c.	1,860			
48,099					*Total de Nivôse.*	80,778			32,679

Doit	c.			j	*P L U V I O S E.*	D'. et Av'.			Avoir
				1	Av'. Thomas, Paris, reçu de lui.	2,760	2	d	2,760
					. . Bernard, id., id., (bonifié 60 c.)	891	3	l	891
					. . Baptiste, id., id.	612	5	t	612
					. . David, id., id.	606	2	c	606
					. . Bertin, id., id.	606	4	m	606
					. . Armand, Chaillot, id.	1,560	6	v	1,560
					. . Ambroise, Paris, id.	828	3	k	828
7,862	40	c	1		D'. Caissier, p. espèces reçues de ces sept personnes.	7,862 40			
					Av'. Le même, ports de lettres et divers frais le mois dernier.	30	1	c	30
53,961	40				*Nivôse et Pluviôse transportés.*	96,533 40			40,572

PLUVIOSE.

Doit.						D'. et Av'.				Avoir.	
55,961	40	.	.	.	. . . . . *Transport de Nivôse et Pluviôse*.	96,533	40	.	.	40,572	.
				2	Av'. Henry, Elbœuf, 1000 mètr. drap, à 17 fr. 40 c. . . .	17,400	.	3	i	17,400	.
2,217	.	t	5	5	D'. Baptiste, Paris, 40 pièc. indienn. à 36 fr. 60 c. . .	1,464	.				
					20 mètr. drap . à 21 fr.	420	.				
					30 mètr. casimir à 11 fr. 10 c.	333	.				
444	.	d	2	.	. . Thomas, id., 40 mètr. id. . à 11 fr. 10 c. . . .	444	.				
				7	Av'. Simon, Sedan, 500 mètr. id. . à 9 fr.	4,500	.	3	j	4,500	.
420	.	l	3	.	D'. Bernard, Paris, 20 mètr. drap . à 21 fr.	420	.				
1,248	.	u	5	10	. . Durand, id., 1 pipe vin Malaga	1,248	.				
624	.	e	2	.	. . David, id., 1 demi-pipe id.	624	.				
1,248	.	i	3	13	. . Henry, Elbœuf, 1 pipe . . id.	1,248	.				
1,452	.	d	2	.	. . Thomas, Paris, 40 pièc. indiennes, à 36 fr. 30 c. . .	1,452	.				
612	.	t	5	17	. . Baptiste, id., 1 demi-pipe vin Malaga	612	.				
1,248	.	h	2	.	. . Jean, Rouen, 1 pipe . . id	1,248	.				
744	.	l	3	21	. . Bernard, Paris, 20 pièc. indiennes, à 37 fr. 20 c. . .	744	.				
					Av'. Durand, id., reçu pour son vin	1,248	.	5	u	1,248	.
1,248	.	c	1	.	D'. Caissier, reçu de Durand	1,248	.				
1,050	.	u	5	25	. . Durand, id., 50 mètr. drap, à 21 fr.	1,050	:				
840	.	e	2	27	. . David, id., 40 mètr. id. . à 21 fr.	840	.				
					Av'. Le même, id., reçu p. son vin.	624	.	2	e	624	.
828	.	t	5	.	D'. Baptiste, id., 40 mètr. drap, à 20 fr. 70 c.	828	.				
					Av'. Le même, id., reçu p. son vin	612	.	5	t	612	.
1,236	.	c	1	.	D'. Caissier, espèces reçues de David et Baptiste .	1,236	.				
444	.	l	3	29	. . Bernard, id., 40 mètr. casimir, à 11 fr. 10 c. . . .	444	.				
71,864	40	.	.	.	. . . . *Total de Nivôse et Pluviôse*.	136,820	40	.	.	64,956	.

VENTOSE.

Doit.						D'. et Av'.				Avoir.	
555	.	u	5	1	D'. Durand, Paris, 50 mètr. casimir, à 11 fr. 10 c.	555	.				
					Av'. Caissier, ports de lettres et divers frais le mois dernier.	126	.	1	c	126	.
16,152	.	i	3	3	D'. Henry, Elbœuf, notre billet s. ordre, à 2 mois. . .	16,152	.				
					Av'. Lettres et billets à payer ; notre billet ord. Henry. . .	16,152	.	2	g	16,152	.
				7	. . Thomas, Paris, reçu de lui	3,372	.	2	d	3,372	.
3,372	.	c	1	.	D'. Caissier, reçu de Thomas	3,372	.				
630	.	d	2	.	. . Thomas, id., 30 mètr. drap, à 21 fr.	630	.				
				11	Av'. David, id., reçu en espèces.	444	.	2	e	444	.
444	.	c	1	.	D'. Caissier, reçu de David	444	.				
744	.	e	2	.	. . David, id., 20 pièc. indiennes, à 37 fr. 20 c. . . .	744	.				
				16	Av'. Ambroise, id., reçu en espèces.	1,035	.	3	k	1,035	.
1,035	.	c	1	.	D'. Caissier, reçu d'Ambroise	1,035	.				
444	.	k	3	.	. . Ambroise, id., 40 mètr. casimir, à 11 fr. 10 c. . . .	444	.				
				20	Av'. Bernard, id., espèces qu'il a payées.	2,709	.	3	l	2,709	.
2,709	.	c	1	.	D'. Caissier, reçu de Bernard	2,709	.				
228	.	l	3	.	. . Bernard, id., 20 mètr. casimir, à 11 fr. 40 c. . . .	228	.				
				23	Av'. Bertin, id., reçu de lui en espèces	540	.	4	m	540	.
540	.	c	1	.	D'. Caissier, reçu de Bertin.	540	.				
420	.	m	4	.	. . Bertin, id., 20 mètr. drap, à 21 fr.	420	.				
				26	Av'. Samuel, Passy, reçu de lui.	828	.	4	n	828	.
					. . George, Paris, id.	621	.	4	o	621	.
					. . Le Jeune, id., id.	420	.	4	p	420	.
				27	. . Claude, id., id.	621	.	4	q	621	.
					. . Jacques, id., id.	828	.	5	r	828	.
					. . Baptiste, id., id.	3,264	.	5	t	3,264	.
6,582	.	c	1	.	D'. Caissier, reçu des six personnes ci-dessus. . .	6,582	.				
105,719	40	.	.	.	. . . . . *Total de Nivôse, Pluviôse et Ventose*.	201,635	40	.	.	95,916	.

Doit					*GERMINAL.*	D'. et Av'.		Avoir			
				1	Av'. Caissier, ports de lettres et menus frais le mois dernier.	25	20	1	c	25	20
					.. Armand, Chaillot, reçu de lui...........	342	.	6	v	342	.
342	.	c	1	.	D'. Caissier, reçu d'Armand.........	342	.				
420	.	v	6	.	.. Armand, id., 20 mètr. drap, à 21 fr.......	420	.				
				3	Av'. Guillaume, id., autant reçu de lui........	414	.	5	s	414	.
414	.	c	1	.	D'. Caissier, reçu de Guillaume.......	414	.				
444	.	s	5	.	.. Guillaume, id., 40 mètr. casimir, à 11 fr. 10 c...	444	.				
				5	Av'. Simon, Sedan, 500 mètr. id... à 9 fr.....	4,500	.	3	j	4,500	.
9,000	.	j	3	.	D'. Le même, id., 1 pipe Malaga......... ⎰ 1,248 notre billet à 2 mois dû, le 8 prairial. ⎱ 7,752		.				
					Av'. Lettres et billets à payer; notre billet ord. Simon de..	7,752	.	2	g	7,752	.
				8	.. Baptiste, Paris, reçu de lui (bonifié 60 c.)....	3,045	.	5	t	3,045	.
3,044	40	c	1	.	D'. Caissier, reçu de Baptiste........	3,044	40				
684	.	t	5	.	.. Baptiste, id., 60 mètr. casimir, à 11 fr. 40 c...	684	.				
				11	Av'. Thomas, id., p. espèces qu'il a compté....	1,896	.	2	d	1,896	.
1,896	.	c	1	.	D'. Caissier, reçu de Thomas......	1,896	.				
444	.	d	2	.	.. Thomas, id., 40 mètr. casimir, à 11 fr. 10 c...	444	.				
333	.	n	4	15	.. Samuel, Passy, 30 mètr. id... à 11 fr. 10 c.	333	.				
					Av'. Jean, Rouen, 500 pièc. indien. à 32 fr. 40 c....	16,200	.	2	h	16,200	.
16,200	.	h	2	.	D'. Le même, id., 5 pipes Malaga, à 1224 fr.... ⎰ 6,120 notre billet à son ord., à 3 mois... ⎱ 10,080		.				
					Av'. Lettres et billets à payer; notre billet ord. Jean, à 3 mois.	10,080	.	2	g	10,080	.
726	.	o	4	19	D'. George, Paris, 20 pièc. indiennes, à 36 fr. 30 c...	726	.				
					Av'. Bernard, id., reçu de lui...........	1,608	.	3	l	1,608	.
1,608	.	c	1	.	D'. Caissier, reçu de Bernard......	1,608	.				
444	.	l	3	21	.. Bernard, id., 40 mètr. casimir, à 11 fr. 10 c...	444	.				
555	.	e	2	23	.. David, id., 50 id... id.. à 11 fr. 10 c...	555	.				
					Av'. Le même, id., reçu en espèces.........	840	.	2	e	840	.
840	.	c	1	.	D'. Caissier, reçu de David.........	840	.				
555	.	p	4	.	.. Le Jeune, id., 50 mètr. casimir, à 11 f. 10 c...	555	.				
726	.	v	6	25	.. Armand, Chaillot, 20 pièc. indiennes, à 36 f. 30 c...	726	.				
621	.	t	5	.	.. Baptiste, Paris, 30 mètr. drap, à 20 fr. 70 c...	621	.				
621	.	s	5	27	.. Guillaume, Chaillot, 30 mètr. id.. à 20 fr. 70 c....	621	..				
840	.	d	2	.	.. Thomas, Paris, 40 mètr. id.. à 21 fr...	840	.				
708	.	n	4	29	.. Samuel, Passy, 20 pièc. indiennes, à 35 fr. 40 c...	708	.				
708	.	e	2	.	.. David, Paris, 20 pièc. id... à 35 fr. 40 c...	708	.				
414	.	l	3	30	.. Bernard, id., 20 mètr. drap.. à 20 fr. 70 c...	414	.				
42,587	40	.	.	.	.... *Total de Germinal.*........	89,289	60	.	.	46,702	20

Doit					*FLORÉAL.*	D'. et Av'.		Avoir			
				1	Av'. Caissier, ports de lettres et divers frais le mois dernier..	252	.	1	c	252	.
					.. Durand, Paris, espèces reçues de lui (bonifié 60 c.).	555	.	5	u	555	.
					.. Thomas, id., id.............	630	.	2	d	630	.
					.. David, id., id.............	744	.	2	e	744	.
1,928	40	c	1	.	D'. Caissier, espèces reçues des trois personnes précédentes.	1,928	40				
1,089	.	d	2	5	.. Thomas, Paris, 30 pièc. indiennes, à 36 fr. 30 c...	1,089	.				
				8	Av'. Ambroise, id., reçu de lui...........	444	.	3	k	444	.
					.. Bernard, id., id.............	228	.	3	l	228	.
					.. Bertin, id., id.............	420	.	4	m	420	.
1,092	.	c	1	.	D'. Caissier, reçu des trois qui précèdent.	1,092	.				
444	.	u	5	12	.. Durand, Paris, 40 mètr. casimir, à 11 fr. 10 c...	444	.				
420	.	e	2	15	.. David, id., 20 mètr. drap.. à 21 fr...	420	.				
1,089	.	m	4	.	.. Bertin, id., 30 pièc. indiennes à 36 fr. 30 c...	1,089	.				
222	.	k	3	20	.. Ambroise, id., 20 mètr. casimir. à 11 fr. 10 c...	222	.				
720	.	l	3	25	.. Bernard, id., 20 pièc. indiennes à 36 fr...	720	.				
828	.	d	2	28	.. Thomas, id., 40 mètr. drap.. à 20 fr. 70 c...	828	.				
50,419	80	.	.	.	.... *Germinal et Floréal transportés,*......	100,395	.	.	.	49,975	20

Doit	c.				PRAIRIAL.	D'. et Av'.	c.			Avoir	c.
50,419	80	.	.	.	. . . . *Transport de Germinal et Floréal.*	100,395	.	.	.	49,975	20
				1	Av'. Caissier, ports de lettres le mois dernier.	25	20	1	c	25	20
					Acquit de nos billets à Antonio et Harris. .	40,152	.	1	c	40,152	..
40,152	.	g	2	.	D'. Lettres et billots à payer, p. acquit de nos deux billets.	40,152	.				
				3	Av'. Armand, Chaillot, reçu de lui.	1,146	.	6	v	1,146	
					. . Samuel, Passy, id. (bonif. 60 c.)	1,041	.	4	n	1,041	
					. . Guillaume, Chaillot, id. (bonif. 60 c.)	1,065	.	5	s	1,065	
3,250	80	c	1	.	D'. Caissier, reçu des trois qui précèdent.	3,250	80				
444	.	n	4	5	. . Samuel, Passy, 40 mètr. casimir, à 11 fr. 10 c. . .	444	.				
				8	Av'. Caissier, p. acquit, de n. billets ord. Simon. . . .	7,752	.	1	c	7,752	.
7,752	.	g	2	.	D'. Lettres et billets à payer, acq. de n. billet ord. Simon. .	7,752	.				
720	.	v	6	11	. . Armand, Chaillot, 20 pièc. indiennes, à 36 fr. . . .	720	.				
1,062	.	s	5	.	. . Guillaume, id., 30 pièc. id. . . . à 35 fr. 40 c.	1,062	.				
					Av'. Baptiste, Paris, reçu de lui (bonifié 60 c.) . . .	1,305	.	5	t	1,305	.
					. . Thomas, id., id.	1,284	.	2	d	1,284	.
					. . Georges, id., id.	726	.	4	o	726	.
3,314	40	c	1	.	D'. Caissier, reçu des trois qui précèdent.	3,314	40				
828	.	o	4	15	. . George, Paris, 40 mètr. drap, à 20 fr. 70 c. . . .	828	.				
414	.	t	5	.	. . Baptiste, id., 20 mètr. id. . à 20 fr. 70 c. . . .	414	.				
333	.	d	2	19	. . Thomas, id., 30 mètr. casim., à 11 fr. 10 c. . . .	333	.				
				20	Av'. Le Jeune, id., reçu de lui	555	.	4	p	555	.
					. . David, id., id.	1,263	.	2	e	1,263	.
					. . Bernard, id., id.	858	.	3	l	858	.
2,676	.	c	1	.	D'. Caissier, reçu de ces trois personnes.	2,676	.				
732	.	l	3	23	. . Bernard, Paris, 20 pièc. indicnnes, à 36 fr. 60 c. . .	732	.				
1,080	.	e	2	.	. . David, id., 30 pièc. id. . . . . à 36 fr. . . .	1,080	.				
624	.	p	4	26	. . Le Jeune, id., 1 demi-pipe vin Malaga	624	.				
624	.	d	2	.	. . Thomas, id., 1 demi-pipe id.	624	.				
624	.	t	5	27	. . Baptiste, id., 1 demi-pipe id.	624	.				
624	.	v	6	29	. . Armand, Chaillot, 1 demi-pipe id.	624	.				
115,674	.	.	.	.	. . . . . *Total de Germinal, Floréal et Prairial.* . . .	222,821	40	.	.	107,147	40

MESSIDOR.

Doit	c.					D'. et Av'.	c.			Avoir	c.
				1	Av'. Caissier, ports de lettres le mois dernier.	25	20	1	c	25	20
					. . Jean, Rouen, reçu de lui.	1,248	.	2	h	1,248	.
				3	. . Durand, Paris, id.	1,494	.	5	u	1,494	..
2,742	.	c	1	.	D'. Caissier, reçu de Jean et Durand	2,742	.				
1,035	.	o	4	5	. . George, Paris, 50 mètr. drap, à 20 fr. 70 c. . . .	1,035	.				
1,080	.	d	2	.	. . Thomas, id., 100 mètr. casimir, à 10 fr. 80 c. . .	1,080	.				
					Av'. Le même, id., reçu de lui.	1,917	.	2	d	1,917	.
1,917	.	c	1	.	D'. Caissier, p. espèces reçues de Thomas	1,917	.				
				9	Av'. David, id., reçu de lui.	420	.	2	e	420	.
420	.	c	1	.	D'. Caissier, reçu de David	420	.				
3,540	.	e	2	.	. . David, id., 100 pièc. indiennes, à 35 fr. 40 c. . .	3,540	.				
555	.	k	3	12	. . Ambroise, id., 50 mètr. casimir . à 11 fr. 10 c. . .	555	.				
					Av'. Le même, id., reçu de lui.	222	.	3	k	222	
222	.	c	1	.	D'. Caissier, reçu d'Ambroise	222	.				
2,040	.	l	3	16	. . Bernard, Paris, 100 mètr. drap, à 20 fr. 40 c. . .	2,040	.				
					Av'. Le même, id., reçu de lui.	720	.	3	l	720	.
720	.	c	1	.	D'. Caissier, reçu de Bernard.	720	.				
1,035	.	m	4	18	. . Bertin, id., 50 mètr. drap, à 20 fr. 70 c. . . .	1,035	.				
					Av'. Le même, id., reçu en espèces.	1,089	.	4	m	1,089	.
1,089	.	c	1	.	D'. Caissier, reçu de Bertin.	1,089	.				
					Av'. Le même, p. acquit de n. billet ord. Jean. . . .	10,080	.	1	c	10,080	.
10,080	.	g	2	.	D'. Lettres et Billets à payer, p. l'acquit ci-dessus. . . .	10,080	.				
228	.	v	6	.	. . Armand, Chaillot, 20 mètr. casimir, à 11 fr. 40 c. . .	228	.				
444	.	t	5	22	. . Baptiste, Paris, 40 mètr. id. . . à 11 fr. 10 c. . .	444	.				
27,147	.	.	.	.	. . . . *Messidor transporté.*	44,362	20	.	.	17,215	20

Doit.				MESSIDOR.	D'. et Av'.		Avoir.
27,147	.	. .		. . . . Transport de Messidor.	44,362 20	. .	17,215 20
1,248	.	d 2	26	D'. Thomas, Paris, 1 pipe vin Malaga	1,248 .		
1,248	.	v 6	.	. . Armand, Chaillot, 1 pipe id.	1,248 .		
1,035	.	u 5	.	. . Durand, Paris, 50 mètr. drap, à 20 fr. 70 c. . . .	1,035 .		
1,770	.	t 5	.	. . Baptiste, id. 50 pièc. indien., à 35 fr. 40 c. . . .	1,770 .		
1,248	.	e 2	.	. . David, id. 1 pipe vin Malaga	1,248 .		
624	.	o 4	.	. . George, id. 1 demi-pipe id.	624 .		
34,320	.	. .		. . . . Total de Messidor.	51,535 20	. .	17,215 20

T H E R M I D O R.

Doit.					D'. et Av'.		Avoir.
			1	Av'. Caissier, ports de lettres, etc., le mois dernier	36 .	1 c	36 .
			4	. . Thomas, Paris, reçu de lui à-compte.	957 .	2 d	957 .
				. . Samuel, Passy, id.	444 .	4 n	444 .
				. . Armand, Chaillot, id.	1,344 .	6 v	1,344 .
				. . Guillaume, id. id.	1,062 .	5 s	1,062 .
3,807	.	c 1 .		D'. Caissier, pour les sommes ci-dessus	3,807 .		
1,035	.	q 4	7	. . Claude, Paris, 50 mètr. drap, à 20 fr. 70 c . . .	1,035 .		
555	.	r 5	.	. . Jacques, id. 50 mètr. casimir, à 11 fr. 10 c. . .	555 .		
1,248	.	v 6	.	. . Armand, Chaillot, 1 pipe vin Malaga	1,248 .		
1,248	.	t 5	11	. . Baptiste, Paris, 1 pipe id.	1,248 .		
			13	Av'. Le même, id. reçu de lui à-compte.	1,038 .	5 t	1,038 .
				. . George, id. id.	828 .	4 o	828 .
				. . Bernard, id. id.	732 .	3 l	732 .
				. . David, id. id.	1,080 .	2 e	1,080 .
				. . Le Jeune, id. id.	624 .	4 p	624 .
4,302	.	c 1 .		D'. Caissier, pour les sommes qui précèdent.	4,302 .		
1,035	.	d 2	17	. . Thomas, Paris, 50 mètr. drap, à 20 fr. 70 c. .	1,035 .		
555	.	v 5	.	. . Armand, Chaillot, 50 mètr. casimir, à 11 fr. 10 c.	555 .		
555	.	q 4	21	. . Claude, Paris, 50 mètr. id. à 11 fr. 10 c. .	555 .		
1,248	.	w 6	.	. . Didier, id. 1 pipe vin Malaga.	1,248 .		
1,248	.	x 6	25	. . Arnaud, id. 1 pipe id.	1,248 .		
1,248	.	y 6	.	. . Dumont, id. 1 pipe id.	1,248 .		
624	.	r 5	.	. . Jacques, id. 1 demi-pipe id.	624 .		
			27	Av'. Jean, Rouen, 300 pièc. indiennes, à 32 fr. 40 c.	9,720 .	2 h	9,720 .
3,672	.	h 2 .		D'. Le même, id. 3 pipes vin Malaga, à 1224 fr. .	3,672 .		
708	.	t 5 .		. . Baptiste, Paris, 20 pièc. indiennes, à 35 fr. 40 c.	708 .		
			29	Av'. Henry, Elbœuf, 500 mètr. drap ord. à 18 fr. . .	9,000 .	3 i	9,000 .
2,496	.	i 3 .		D'. Le même, id. 2 pipes Malaga . . . . à 1248 fr.	2,496 .		
				Av'. Simon, Sedan, 500 mètr. casimir, à 9 fr. . .	4,500 .	3 j	4,500 .
555	.	d 2	30	D'. Thomas, Paris, 50 mètr. id. à 11 fr. 10 c.	555 .		
555	.	t 5	.	. . Baptiste, id. 50 mètr. id. à 11 fr. 10 c.	555 .		
61,014	.	. .		. . . . . . Total de Messidor et Thermidor.	109,594 20	. .	48,580 20

F R U C T I D O R.

Doit.					D'. et Av'.		Avoir.
			1	Av'. Caissier, ports de lettres, etc., le mois dernier. . . .	132 .	1 c	132 .
				. . George, Paris, reçu de lui	1,035 .	4 o	1,035 .
1,035	.	c 1 .		D'. Caissier, reçu de George	1,035 .		
420	.	o 4	3	. . George, id. 20 mètr. drap, à 21 fr.	420 .		
				Av'. Thomas, id. reçu de lui à-compte.	2,328 .	2 d	2,328 .
2,328	.	c 1 .		D'. Caissier, reçu de Thomas.	2,328 .		
708	.	d 2	5	. . Thomas, id. 20 pièc. indiennes, à 35 fr. 40 c. . .	708 .		
1,035	.	w 6	.	. . Didier, id. 50 mètr. drap, à 20 fr. 70 c. . .	1,035 .		
			9	Av'. David, id. reçu de lui à-compte	2,400 .	2 e	2,400 .
				. . Bernard, id. id.	2,040 .	3 l	2,040 .
				. . Bertin, id. id.	1,035 .	4 m	1,035 .
5,475	.	c 1 .		D'. Caissier, reçu de trois personnes ci-dessus.	5,475 .		
72,015	.	. .		. . . . . Messidor, Thermidor et Fructidor transportés	129,565 20	. .	57,550 20

F

Doit.					*F R U C T I D O R.*	D'. et Av'.			Avoir.	
72,015	.	.	.	.	. . . *Transport de Messidor, Thermidor et Fructidor.. . . .*	129,565	20	.	57,550	20
1,035	. d	2	11	D'.	Thomas, Paris, 50 mètr. drap, à 20 fr. 70 c.	1,035	.			
555	. v	6	.	. .	Armand, Chaillot, 50 mètr. casimir, à 11 fr. 10 c.	555	.			
708	. u	5	.	. .	Durand, Paris, 20 pièc. indiennes, à 35 fr. 40 c.	708	.			
1,062	. t	5	15	. .	Baptiste, id. 30 pièc. id. à 35 fr. 40 c.	1,062	.			
1,062	. s	5	.	. .	Guillaume, Chaillot, 30 pièc. id. à 35 fr. 40 c.	1,062	.			
1,035	. w	6	.	. .	Didier, Paris, 50 mètr. drap, à 20 fr. 70 c.	1,035	.			
1,035	. y	6	21	. .	Dumont, id. 50 mètr. id. à 20 fr. 70 c.	1,035	.			
708	. x	6	.	. .	Arnaud, id. 20 pièc. indiennes, à 35 fr. 40 c.	708	.			
708	. d	2	25	. .	Thomas, id. 20 pièc. id. à 35 fr. 40 c.	708	.			
555	. o	4	.	. .	George, id. 50 mètr. casimir, à 11 fr. 10 c.	555	.			
555	. m	4	29	. .	Bertin, id. 50 mètr. id. à 11 fr. 10 c.	555	.			
708	. v	6	.	. .	Armand, Chaillot, 20 pièc. indiennes, à 35 fr. 40 c.	708	.			
708	. c	2	30	. .	David, Paris, 20 pièc. id. à 35 fr. 40 c.	708	.			
1,035	. u	5	.	. .	Durand, id. 50 mètr. drap, à 20 fr. 70 c.	1,035	.			
				Av'.	Caissier, ports de lettres, etc., dans ce mois.. . . .	36				
				. .	Loyer de magasin et imposition p. un an. .	1,260		2 c	2,556	.
				. .	Appointemens de commis..	1,260				
				. .	Ab. Hardy, pour une année d'intérêt de son cap. à 5 $\frac{0}{0}$. .	1,800	.	1 a	1,800	.
				. .	Ch. Sage, pour id. id.	1,800	.	1 b	1,800	.
28,356	. z	6	.	D'.	Marchandises invendues. 380 mètr. drap, à 18 fr. . . .	6,840	.			
				. .	570 mètr. casim., à 9 fr. . . .	5,130	.			
				. .	245 pièc. indien., à 32 fr. 40 c.	7,938	.			
				. .	8 pip. Malaga, à 1056 fr. .	8,448	.			
111,840	.	.	.	. .	. . *Total de Messidor, Thermidor et Fructidor.* . . .	175,546	20	. .	63,706	20

Doit.		D I V E R S.		Avoir.	
163,400	40	. . . . VENDÉMIAIRE, BRUMAIRE ET FRIMAIRE.	. . . .	217,728	.
105,719	40	. . . . NIVÔSE, PLUVIÔSE et VENTÔSE	. . . .	95,916	.
115,674		. . . . GERMINAL, FLORÉAL et PRAIRIAL	. . . .	107,147	40
111,840		. . . . MESSIDOR, THERMIDOR et FRUCTIDOR.	. . . .	63,706	20
496,633	80	. . . . Montant total des affaires de l'An 10.	. . . .	484,497	60
		Profit .	. . . .	12,136	20
		Av'. Ab. HARDY, sa moitié 6,072 10	. . . .	496,633	80
		Av'. Ch. SAGE, sa moitié 6,072 10	. . . .		
		12,136 20	. . . .		

ÉTAT D'ENTRÉE ET DE SORTIE
Des Marchandises de A. H. et C. S.
MOIS DE VENDÉMIAIRE.

Doit.	Marchandises		Vin	fr.	c.	Drap	fr.	c.	Casimir.	fr.	c.	Indienn.	fr.	c.	Avoir.
	March.^{es} entrées.	2	40 pip.	42,000	.	1000 mèt.	18,000	.	1000 mèt.	9000	.	500 pièc.	16,800	.	
		3		. . .	.	50 pour	1,050	.	. . . .			5 pièc. p.	180	.	
		8	1 pip.	1,200	.										
		10	1	1,200	.	40	834	.							
		12	. . .	. . . .	.	110	2,295	.							
		15	. . .	. . . .	.	90	1,878	.							
		18	. . .	. . . .	.	. . . .	. . . .	.	50 p.	582	.				
		21	. . .	. . . .	.	. . . .	. . . .	.	20	222	.				
		25	. . .	. . . .	.	. . . .	. . . .	.	110	1210	.				
		27	. . .	. . . .	.	. . . .	. . . .	.	70	789	.				
		29	. . .	. . . .	.	. . . .	. . . .	.	40	444	.				
	Vendu.		2 pip.	2,400	.	290 mèt.	6,057	.	290 mèt.	3255	.	5 pièc.	180	.	
	Marchandises invendues le 30 vendémiaire.		38 pip.	. . . .	.	. . . .	. . . .	.	. . . .	. .	.	. . . . à 1056	.		40,128 .
				710 mèt.	. . . .	.	. . . .		. . . .	. .	.	. . . . à 18	.		12,780 .
						710 mèt.	. . .	.	. . . .	. .	.	9	.		6,390 .
									495 pièc.	33	60		.		16,632 .
												(1) Débit en Vend.	110,292	.	
184,692 . (1)															186,222 .

(1) Voyez le mois de vendémiaire.

A B R. H A R D Y.

COMPTE DE CAISSE.

Doit.					PARIS, *FRIMAIRE AN X.*	D'. et Av^r.				Doit.	
				1	Av^r. Bertin, Paris, reçu de lui à-compte	636	.	4	m	636	.
					. . Baptiste, id. id.	1,296	.	5	t	1,296	.
				3	. . Armand, Chaillot, id.	1,272	.	6	v	1,272	.
					. . Thomas, Paris, id.	660	.	2	d	660	.
				7	. . Bernard, id. id.	828	.	3	l	828	.
				10	. . David, id. id.	324	.	2	e	324	.
				15	. . Samuel, Passy, id.	642	.	4	n	642	.
					. . George, Paris, id. . 1574. 60. bonifié, 60 c. .	1,575	.	4	o	1,575	.
					. . Le Jeune, id. id.	648	.	4	p	648	.
					. . Jacques, id. id.	648	.	5	r	648	.
					. . Claude, id. id . 960. bonifié, 3 fr	963	.	4	q	963	.
4,800	.	j	3	27	D^t. Simon, Sedan, pour notre remise.	4,800	.				
7,200	.	h	2		. . Jean, Rouen, id.	7,200	.				
8,400	.	i	3		. . Henry, Elbœuf, id.	8,400	.				
9,488	40	c	1		. . Caissier, pour le montant des sommes reçues dans ce mois, et portées à leurs comptes respectifs. . 9488 40 / bonifié sur deux comptes . . . 3 60	9,488	40				
					Av^r. Caissier, pour les remises ci-dessus.	20,400	.	1	c	20,400	.
					pour ports de lettres, etc., pendant ce mois. .	18	.	1	y	18	.
29,888	40				. . . . *Total en Frimaire.*	59,798	40			29,910	.

MODÈLE D'UN JOURNAL
en Partie double.

Doit.   PARIS, VENDÉMIAIRE AN X.   Avoir.

Vend.	Colonne pour les folios du Grand Livre.	Colonne pour les Lettres servant de points.	Doit		A...		Colonne pour les Lettres servant de Points.	Colonne pour les folios du Grand Livre.	Avoir
I			Caissier . . . . . D^r	72,000 .	A Ab. Hardy, Paris .	pour son capital versé en caisse			36,000 .
					A Ch. Sage, id. .	pour id.			36,000 .
2			Vin de Malaga . . D^r	42,000 .	A Antonio, Malaga. .	40 pipes vin, suivant facture à 600 fr. p. pipe			24,000 .
					A Caissier.	droits, frêt et frais . .			18,000 .
			Antonio, Malaga . D^r	24,000 .	A Lettres et Billets à payer	Accepté son mandat à 9 mois, pour vin, dû 1.er prairial . .			24,000 .
			Indiennes. . . . D^r	16,800 .	A Jean, Rouen. . .	500 pièc. indiennes, à 33 fr. 60 c.			16,800 .
			Draps . . . . . D^r	18,000 .	A Henry, Elbœuf .	1000 mètr. drap à 18 fr.			18,000 .
			Casimir . . . . . D^r	9,000 .	A Simon, Sedan. .	1000 mètr. casimir, à 9 fr.			9,000 .
			Frais de Commerce. D^r	492 .	A Caissier.	payé le transport, etc., des indiennes, draps et casimirs			492 .
3			Thomas, Paris. . . D^r	420 .	A Draps.	20 mètr. drap à 21 fr. 420			1,050 .
			David, id. . D^r	210 .	A id.	10 mètres à 21 fr. 210			
			Bernard, id. . D^r	600 .	A id.	20 mètr. à 21 fr. 420			
					A indiennes.	5 pièc. à 36 fr.			180 .
8			Ambroise, id. . D^r	1,200 .	A vin de Malaga. . .	1 pipe Malaga, à . . . . . 1,200 fr.			2,400 .
			Bertin, id. . D^r	1,614 .	A id.	1 pipe, id. . 1,200 fr.			
					A Draps	20 mètr. à 20 fr. 70 c. 414			834 .
			Samuel, Passy . . D^r	420 .	A id.	20 mètr. à 21 fr. 420			
12			George, Paris . . D^r	1,035 .	A id.	50 mètr. à 20 fr. 70 c. 1035			2,295 .
			Baptiste, id. . D^r	840 .	A id.	40 mètr. à 21 fr. 840			
			Le Jeune, id. . D^r	420 .	A id.	20 mètr. à 21 fr. 420			
			Divers comptes . . D^r	189,051 .		Divers comptes . . Av^r			189,051 .

A

k	Ambroise,	Paris	3
f	Antoniô,	Maluga	2
v	Armand,	Chaillot	5
x	Arnaud,	Paris	6

B

t	Baptiste,	id	5
l	Bernard,	id	3
m	Bertin,	id	4

C

| c | Caissier, | | 1 |
| q | Claude, | Paris | 4 |

D

e	David,	Paris	2
w	Didier,	id	6
y	Dumont,	id	6
u	Durand,	id	6

E

F

G

| o | George, | id | 4 |
| s | Guillaume, | Chaillot | 5 |

H

| a | A. Hardy, | Paris | 1 |
| i | Henry, | Elbœuf | 3 |

I

J

| r | Jacques, | Paris | 5 |
| h | Jean, | Rouen | 2 |

K

L

| g | Lettres et Billets à payer | | 2 |
| p | Le Jeune, | Paris | 4 |

M

| z | Marchandises invendues | 6 |

N

O

P

Q

R

S

b	Ch. Sage,	Paris	1
n	Samuel,	Passy	4
j	Simon,	Sedan	3

T

U

V

X

Y

Z

GRAND-LIVRE.

De Ven. 1 à Fri. 30			de Ni. 1 à Vent. 30			de Ger. 1 à Prair. 30			de M. 1 à Fru. 30.			A_B H A R D Y.	Doit.

C_H.   S A G E.

1	V.	1	72,000	.	3	N.	1	4,881	.	5	G.	1	342	.	
		17	1,200	.			2	606	.			3	414	.	
		21	1,200	.			4	736	.			8	3,044	40	
2	B.	10	624	.			7	1,188	.			11	1,896	.	
		15	1,224	.			11	1,800	.			19	1,608	.	
		25	1,200	.		P.	1	7,862	40			23	840	.	
	F.	1	636	.	4		21	1,248	.		F.	1	1,928	40	
			1,296	.			27	1,236	.			8	1,092	.	
		3	1,272	.		V.	7	3,372	.	6	P.	3	3,250	80	
			660	.			14	444	.			11	3,314	40	
		7	828	.			16	1,035	.			20	2,676	.	
		10	324	.			23	2,709	.						
		15	4,472	40			20	540	.						
							27	6,582	.						

6	M.	3	2,742	.
		5	1,917	.
		9	420	.
		12	222	.
		16	720	.
		18	1,089	.
7	T.	4	3,807	.
		13	4,302	.
	F.	1	1,035	.
		3	2,328	.
		9	5,475	.

A. H.

V.	P. esp. reçues dans ce mois. 55,908 . Balance	74,400	.
B.	P. esp. reçues dans ce mois. 58,860 . Balance	3,048	.1
F.	P. esp. reçues dans ce mois. 47,948 40. Balance	9,488	40
N.	P. esp. reçues dans ce mois. 33,791 40. Balance	9,261	.1
P.	P. esp. reçues dans ce mois. 44,107 80. Balance	10,346	40
V.	P. esp. reçues dans ce mois. 58,663 80 Balance	14,682	.
G.	P. esp. reçues dans ce mois. 66,783 . Balance	8,144	40
F.	P. esp. reçues dans ce mois. 69,551 40. Balance	3,020	40
P.	P. esp. reçues dans ce mois. 30,863 40. Balance	9,241	20
M.	P. esp. reçues dans ce mois. 27,868 20. Balance	7,110	.
T.	P. esp. reçues dans ce mois. 35,941 20. Balance	8,109	.
F.	P. esp. reçues dans ce mois.	8,838	.

	PARIS. *a*	Avoir.
V.	Par caisse	36,000 .
F.	Par intérêt.	1,800 .
	Balance ,	37,800

	PARIS *b*	
V.	Par caisse	3,6000 .
	Par intérêt.	1,800 .
	Balance ,	37,800

	CAISSIER , *c*	
V.	P. esp payées dans ce mois.	18,492 .
B.	Par idem.	96 .
F.	Par idem.	20,400 .
N.	Par idem.	23,418 .
P.	Par idem.	30 .
V.	Par idem.	126 .
G.	Par idem.	25 20
F.	Par idem.	252 .
P.	Par idem.	47,929 20
M.	Par idem.	10,105 20
T.	Par idem.	36 .
F.	Par idem	2,688 .
	Transporté	75,600

De Vend. 1. à Fri. 30				de Niv. 1. à Vent. 30				de Ger. 1. à Prai. 30				de Mes. 1. à Fru. 30			
1	V.	1	36,000 .									8	F. 30	108 .	
1	V.	1	36,000 .									8	F. 30	1,800 .	
1	V.	2	18,000 .	3	N.	1	18 .	5	G.	1	25 20	6	M. 1	25 20	
			492 .			23	9,600 .		F.	1	252 .		18	10,080 .	
	B.	2	60 .			27	,200 .	6	P.	1	25 20	7	T. 1	36 .	
		1	36 .			29	4,600 .				40,152 .		F. 1	132 .	
2	F.	27	20,400 .		P.	1	9 30 .			5	7,752 .	8	30	2,556 .	
				4	V.	1	126 .								
Trpt.			110,988 .				23,574 .				48,206 40			16,429 20	

H

De Vend. 1. à Fri. 3o			de Ni. 1. à Vent. 3o			de Ger. 1. à Prai.3o			de Mes. 1. à Fru. 3o			THOMAS.		Doit.
1	V. 3	420 .	3	N. 2	828 .	5	G. 11	444 .	6	M. 5	1,080 .	V.	A marchandises.	660 .
	18	240 .		25	684 .		27	840 .	7	26	1,248 .	B.	A idem	2,562 .
	B. 2	624 .		3o	1,860 .	F.	5	1,089 .	T.	17	1,035 .	F.	A idem	2,760 .
2	11	840 .	4	P. 5	444 .		28	828 .		3o	555 .	N.	A idem	3,372 .
	21	1,098 .		13	1,452 .	6	P. 19	333 .	F.	5	708 .	P.	A idem	1,896 .
	F. 3	1,242 .	V.	7	630 .		26	624 .	8	11	1,035 .	V.	A idem	630 .
	19	1,098 .								25	708 .	G.	A idem	1,284 .
	3o	420 .										F.	A idem	1,917 .
												P.	A idem	957 .
												M.	A idem	2,328 .
												T.	A idem	1,590 .
												F.	A idem	2,451 .
													Balance 4,041 o	

DAVID.

De Vend. 1. à Fri. 3o			de Ni. 1. à Vent. 3o			de Ger. 1. à Prai.3o			de Mes. 1. à Fru. 3o			DAVID.		Doit.
1	V. 3	210 .	3	N. 2	444 .	5	G. 23	555 .	6	M. 9	3,540 .	V.	A marchandises.	324 .
	18	114 .	4	P. 10	624 .		29	708 .	7	26	1,248 .	B.	A idem	606 .
	B. 5	186 .		27	840 .	F.	15	420 .	8	F. 3o	708 .	F.	A idem	606 .
2	10	420 .	V.	11	744 .	6	P. 23	1,080 .				N.	A idem	444 .
	F. 10	228 .										P.	A idem	1,464 .
	21	378 .										V.	A idem	744 .
												G.	A idem	1,263 .
												F.	A idem	420 .
												P.	A idem	1,080 .
												M.	A idem	4,788 .
												F.	A idem	708 .
													Balance 3,096 o	

ANTONIO.

De Vend. 1. à Fri. 3o			ANTONIO.		Doit.
1	V. 2	24,000 .	V.	A n. accept. à son mandat.	24,000 .

LETTRES et BILLETS.

de Ger. 1. à Prai.3o			de Mes. 1. à Fru. 3o			LETTRES et BILLETS.		Doit.
6	P. 1	40,152 .	6	M. 18	10,080 .	P.	A caisse	47,904 .
	8	7,752 .				M.	A idem	10,080 .

JEAN.

De Vend. 1. à Fri. 3o			de Ni. 1. à Vent. 3o			de Ger. 1. à Prai.3o			de Mes. 1. à Fru. 3o			JEAN.		Doit.
2	F. 27	7,200 .	3	N. 23	9,600 .	5	G. 15	16,200 .	7	T. 27	3,672 .	F.	A caisse	7,200 .
			4	P. 17	1,248 .							N.	A idem	9,600 .
												P.	A vin	1,248 .
												G.	A idem et caisse	16,200 .
												T.	A idem	3,672 .

De Vend. 1. à Fri. 3o	de Ni. 1. à Vent. 3o	de Ger. 1. à Prai.3o	de Mes. 1. à Fru. 3o		
38,718 .	19,393 .	71,025 .	25,617 .	Transport	42,091 20
Tr.pr. 86,936 40	34,289 40	20,406 .	24,057 .		
Tr.prt. 125,654 40	53,687 40	91,431 .	49,674 .	Transporté	49,228 20

PARIS. *d* — Avoir.	Avoir.	De Vend. 1. à Fri. 30		de Niv. 1. à Vent. 30		de Ger. 1. à Prai. 30		de Mes. 1. à Fru. 30	
B. Par caisse	624	2 B. 10	624	3 N. 1	1,938	5 G. 11	1,896	6 M. 5	1,917
F. Par idem	660	F. 3	660	P. 1	2,760	F. 1	630	7 T. 4	957
N. Par idem	1,938			4 V. 7	3,372	6 P. 11	1,284	F. 3	2,328
P. Par idem	2,760								
V. Par idem	3,372								
G. Par idem	1,896								
F. Par idem	630								
P. Par idem	1,284								
M. Par idem	1,917								
T. Par idem	957								
F. Par idem	2,328								

PARIS, *e* — Avoir.	Avoir.	De Vend. 1. à Fri. 30		de Niv. 1. à Vent. 30		de Ger. 1. à Prai. 30		de Mes. 1. à Fru. 30	
F. Par caisse	324	2 F. 10	324	3 N. 2	606	5 G. 23	840	6 M. 9	420
N. Par idem	606			4 P. 1	606	F. 1	744	7 T. 13	1,080
P. Par idem	1,230			27	624	6 P. 20	1,263	F. 9	2,400
V. Par idem	444			V. 11	444				
G. Par idem	840								
F. Par idem	744								
P. Par idem	1,263								
M. Par idem	420								
T. Par idem	1,080								
F. Par idem	2,400								

MALAGA, *f* — Avoir.	Avoir.	De Vend. 1. à Fri. 30	
V. Par 40 pipes vin de Malaga.	24,000	1 V. 2	24,000

A PAYER, *g* — Avoir.	Avoir.	De Vend. 1. à Fri. 30		de Niv. 1. à Vent. 30		de Ger. 1. à Prai. 30	
V. Par notre acceptation	24,000	1 V. 2	24,000	4 V. 3	16,152	5 G. 5	7,752
V. Par n. billet ordre Henry	16,152					15	10,080
G. Par idem	17,832						

ROUEN. *h* — Avoir.	Avoir.	De Vend. 1. à Fri. 30		de Ger. 1. à Prai. 30		de Mes. 1. à Fru. 30	
V. Par indiennes	16,800	V. 2	16,800	G. 15	16,200	6 M. 1	1,248
G. Par idem	16,200					7 T. 27	9,720
M. Par caisse	1,248						
T. Par indiennes	9,720						

	Avoir.	De Vend.	de Niv.	de Ger.	de Mes.
Balance 6.048 o		66,408	26,502	40,689	20,070
Transport 75,600 o		Trpt. 110,988	23.574	48,206 40	16,429 20
Transporté 81,648 o		Trpté. 177,396	50,076	88,895 40	36,499 20

Journal — de Vend. 1. à Fri. 30 · de Niv. 1. à Ven. 30 · de Germ. 1. à Prai. 30 · de Mes. 1. à Fru. 30

Compte	Vd f.	Vd	Vd montant	c.	Nv f.	Nv	Nv montant	c.	Gm f.	Gm	Gm montant	c.	Ms f.	Ms	Ms montant	c.
HENRY	2	F. 27	8,400	.	3	N. 29	9,600	.					7	T. 29	2,496	
HENRY					4	P. 13	1,248	.								
HENRY						V. 3	16,152	.								
SIMON	2	F. 27	4,800	.	3	N. 27	4,200	.	5	G. 5	9,000	.				
AMBROISE	1	V. 8	1,200	.	3	N. 23	1,035	.	5	F. 20	222	.	6	M. 12	555	.
AMBROISE	2	F. 13	828	.	4	V. 16	444	.								
BERNARD	1	V. 3	600	.	3	N. 2	621	.	5	G. 21	444	.	6	M. 16	2,040	
BERNARD		18	228	.		25	624	.		29	414	.				
BERNARD		B. 2	444	.		27	1,464	.		F. 25	720	.				
BERNARD	2	10	720	.	4	P. 7	420	.	6	P. 23	732	.				
BERNARD		27	621	.		21	744	.								
BERNARD		F. 7	333	.		29	444	.								
BERNARD		19	558	.		V. 20	228	.								
			18,732	.			37,224	.			11,532	.			5,091	.
Tr.pt.			125,654	40			53,687	40			91,431	.			49,674	.
Tr.té			144,386	40			90,911	40			102,963	.			54,765	.

HENRY — Doit.

	Détail	Doit	c.
F.	A caisse	8,400	.
N.	A idem.	9,600	.
P.	A vin.	1,248	.
V.	A caisse.	16,152	.
T.	A vin	2,496	.

SIMON

	Détail	Doit	c.
F.	A caisse.	4,800	.
N.	A idem.	4,200	.
G.	A idem et vin	9,000	.

AMBROISE.

	Détail	Doit	c.
V.	A vin.	1,200	.
F.	A marchandises	828	
N.	A idem.	1,035	.
V.	A idem.	444	.
F.	A idem.	222	.
M.	A idem	555	.
	Balance 555 o		

BERNARD.

	Détail	Doit	c.
V.	A marchandises	828	
B.	A idem.	1,785	.
F.	A idem.	891	.
N.	A idem.	2,709	.
P.	A idem.	1,608	.
V.	A idem.	228	.
G.	A idem.	858	.
F.	A idem.	720	.
P.	A idem.	732	.
M.	A idem.	2,040	.

Transport 49,228 20
Transporté 49,783 20

ELBEUF. *i* — Avoir.		de Vend. 1. à Fri. 30				de Niv. 1. à Vent. 30				de Ger. 1. à Prai. 30				de Mes. 1. à Fru. 30			
V.	Par Draps	18,000 .	1	V.	2	18,000 .	4	P.	2	17,400 .					7	T.	2	9,000 .
P.	Par idem.	17,400 .																
T.	Par idem.	9,000 .																
	Balance 6,504 0																	

SÉDAN. *j*		de Vend. 1. à Fri. 30				de Niv. 1. à Vent. 30				de Ger. 1. à Prai. 30				de Mes. 1. à Fru. 30			
V.	Par Casimir	9,000 .	1	V.	2	9,000 .	4	P.	7	4,500 .	5	G.	5	4,500 .	7	T.	29	4,500 .
P.	Par idem.	4,500 .																
G.	Par idem.	4,500 .																
T.	Par idem.	4,500 .																
	Balance 4,500 0																	

PARIS. *k*		de Vend. 1. à Fri. 30				de Niv. 1. à Vent. 30				de Ger. 1. à Prai. 30				de Mes. 1. à Fru. 30			
V.	Par Caisse	1,200 .	1	V.	17	1,200 .	3	P.	1	828 .	5	F.	8	444 .	6	M.	12	222 .
P.	Par idem.	828 .					4	V.	16	1,035 .								
V.	Par idem.	1,035 .																
F.	Par idem.	444 .																
M.	Par idem.	222 .																

PARIS. *l*		de Vend. 1. à Fri. 30				de Niv. 1. à Vent. 30				de Ger. 1. à Prai. 30				de Mes. 1. à Fru. 30			
F.	Par Caisse	828 .	2	F.	7	828 .	3	N.	1	1,785 .	5	G.	19	1,608 .	6	M.	16	720 .
N.	Par idem.	1,785 .						P.	1	891 .		F.	8	228 .	7	T.	13	732 .
P.	Par idem.	891 .					4	V.	20	2,709 .	6	P.	20	858 .		F.	9	2,040 .
V.	Par idem.	2,709 .																
G.	Par idem.	1,608 .																
F.	Par idem.	228 .																
P.	Par idem.	858 .																
M.	Par idem.	720 .																
T.	Par idem.	732 .																
F.	Par idem.	2,040 .																

		Vend.		Niv.		Ger.		Mes.	
Transport	81,648 0	Trpt.	29,028 .		29,148 .		7,638 .		17,214 .
			177,396 .		50,076 .		88,895 .		36,499 20
Transporté	92,652 0	Tr.té	206,424 .		79,224 .		96,533 .		53,713 20

I

Journal (report columns)

De Ven. 1 à Fri. 30				de Ni. 1 à Vent. 30				de Ger. 1 à Prai. 30				de Mes. 1 à Fru. 30			
1	V. 10	1,614	.	3	N. 4	540	.	5	F. 15	1,089	.	6	M. 18	1,035	.
	25	222	.	4	V. 23	420	.					8	F. 29	555	.
	B. 5	372	.												
2	19	414	.												
	F. 1	228	.												
	25	378	.												
1	V. 10	420	.	3	N. 19	828	.	5	G. 15	333	.				
	21	222	.						29	708	.				
	2							6	P. 5	444	.				
1	V. 12	1,035	.	3	N. 19	621	.	5	G. 19	726	.	6	M. 5	1,035	.
	25	540	.					6	P. 15	828	.	7	26	624	.
													F. 3	420	.
												8	25	555	.
1	V. 12	420	.	3	N. 19	420	.	5	G. 23	555	.				
	27	228	.					6	P. 26	624	.				
1	V. 15	630	.	3	N. 15	621	.					7	T. 7	1,035	.
	27	333	.										21	555	.
	7,056	.			3,450	.			5,307	.			5,814	.	
Trᵖᵗ.	144,386	40			90,911	40			102,963	.			54,765	.	
Trᵖᵗᵉ.	151,442	40			94,361	40			108,270	.			60,579	.	

Accounts — Doit

BERTIN.

		Doit
V.	A marchandises	1,836 .
B.	A idem	786 .
F.	A idem	606 .
N.	A idem	540 .
V.	A idem	420 .
F.	A idem	1,089 .
M.	A idem	1,035 .
F.	A idem	555 .
	Balance 555 0	

SAMUEL.

		Doit
V.	A marchandises	642 .
N.	A idem	828 .
G.	A idem	1,041 .
P.	A idem	444 .

GEORGE.

		Doit
V.	A marchandises	1,575 .
N.	A idem	621 .
G.	A idem	726 .
P.	A idem	828 .
M.	A idem	1,659 .
F.	A idem	975 .
	Balance 1,599 0	

LE JEUNE.

		Doit
V.	A marchandises	648 .
N.	A idem	420 .
G.	A idem	555 .
P.	A idem	624 .

CLAUDE.

		Doit
V.	A marchandises	963 .
N.	A idem	621 .
T.	A idem	1,590 .
	Balance 1,590 0	

Transport	49,783 20
Transporté	53,527 20

PARIS. *m* — Avoir.	De Vend. 1 à Fri. 30	de Ni. 1 à Vent. 30	de Ger. 1 à Prair. 30	de Mes. 1 à Fru. 30
PARIS. *m*				
V. Par Caisse . . . . . . 1,200 .	1 V. 18 1,200 .	3 N. 4 786 .	5 F. 8 420 .	6 M. 18 1,089 .
F. Par idem . . . . . . 636 .	2 F. 1 636 .	P. 1 606 .		7 F. 9 1,035 .
N. Par idem . . . . . . 786 .		4 V. 23 540 .		
P. Par idem . . . . . . 606 .				
V. Par idem . . . . . . 540 .				
F. Par idem . . . . . . 420 .				
M. Par idem . . . . . . 1,089 .				
F. Par idem . . . . . . 1,035 .				
PASSY. *n*	2 F. 15 642 .	4 V. 26 828 .	6 P. 3 1,041 .	7 T. 4 444 .
F. Par Caisse . . . . . . 642 .				
V. Par idem . . . . . . 828 .				
P. Par idem . . . . . . 1,041 .				
T. Par idem . . . . . . 444 .				
PARIS. *o*	2 F. 15 1,575 .	4 V. 26 621 .	6 P. 11 726 .	7 T. 13 828 .
F. Par Caisse . . . . . . 1,575 .				F. 1 1,035 .
V. Par idem . . . . . . 621 .				
P. Par idem . . . . . . 726 .				
T. Par idem . . . . . . 828 .				
F. Par idem . . . . . . 1,035 .				
PARIS. *p*	2 F. 15 648 .	4 V. 26 420 .	6 P. 20 555 .	7 T. 13 624 .
F. Par Caisse . . . . . . 648 .				
V. Par idem . . . . . . 420 .				
P. Par idem . . . . . . 555 .				
T. Par idem . . . . . . 624 .				
PARIS. *q*	2 F. 15 963 .	4 V. 27 621 .		
F. Par Caisse . . . . . . 963 .				
V. Par idem . . . . . . 621 .				
	5,664 .	4,422 .	2,742 .	5,055 .
Transport 92,652 0	Trpt. 206,424 .	79,221 .	96,533 .	53,713 20
Transporté 92,652 0	Trpté 212,088 .	83,646 .	99,275 .	58,768 20

De Vend. 1. à Fri. 3o		de Niv. 1. à Ven. 3o		de Germ. 1. à Prai. 3o		de Mes. 1. à Fru. 3o		JACQUES.	Doit.
1 V. 15	420 ·	3 N. 15	828 ·			7 T. 7	555 ·	V. A marchandises	648 ·
27	228 ·					25	624 ·	N. A idem	828 ·
								T. A idem	1,179
								Balance 1,179 o	
								GUILLAUME.	
1 B. 7	3,000 ·	3 N. 11	414 ·	5 G. 3	444 ·	8 F. 15	1,062 ·	B. A marchandises	3,000
				27	621 ·			N. A idem	414
				6 P. 11	1,062 ·			G. A idem	1,065
								P. A idem	1,062 ·
								F. A idem	1,062 ·
								Balance 1,062 o	
								BAPTISTE.	
1 V. 12	840 ·	3 N. 2	1,020 ·	5 G. 8	684 ·	6 M. 22	444 ·	V. A marchandises	1,296
25	456 ·	19	1,020 ·	25	621 ·	7 26	1,770 ·	B. A idem	2,482
B. 2	1,224 ·	25	1,224 ·	6 P. 15	414 ·	T. 11	1,248 ·	F. A idem	612
2 15	744 ·	4 P. 5	2,217 ·	27	624 ·	27	708 ·	N. A idem	3,264
21	414 ·	17	612 ·			30	555 ·	P. A idem	3,657
F. 1	228 ·	27	828 ·			8 F. 15	1,062 ·	G. A idem	1,305
21	384 ·							P. A idem	1,038
								M. A idem	2,214 ·
								T. A idem	2,511 ·
								F. A idem	1,062 ·
								Balance 5,787 o	
								ARMAND.	
1 V. 15	828 ·	3 N. 7	342 ·	5 G. 1	420 ·	6 M. 18	228 ·	V. A marchandises	1,372 ·
29	444 ·			25	726 ·	7 26	1,248 ·	B. A idem	1,188 ·
B. 7	456 ·			6 P. 11	720 ·	T. 7	1,248 ·	F. A idem	1,560 ·
2 19	732 ·			29	624 ·	17	555 ·	N. A idem	342 ·
F. 3	828 ·					8 F. 11	555 ·	G. A idem	1,146 ·
25	732 ·					29	708 ·	P. A idem	1,344 ·
								M. A idem	1,476 ·
								T. A idem	1,803 ·
								F. A idem	1,263 ·
								Balance 4,542 o	
	11,958 ·		8,505 ·		6,960 ·		12,570 ·	Transport	53,527 20
Tr^pt.	151,442 40		94,361 40		108,270 ·		60,579 ·	Transporté	66,097 20
Tr^té.	163,400 40		102,866 40		115,230 ·		73,149 ·		

PARIS. *r*	Avoir.	De Vend. 1. à Fri. 30	de Niv. 1. à Vent. 30	de Ger. 1. à Prai. 30	de Mes. 1. à Fru. 30
F. Par caisse	648 .	2 F. 15 648 .	4 V. 27 828 .		
V. Par idem	828 .				
CHAILLOT. *s*		2 B. 21 1,200 .	3 N. 11 1,800 .	5 G. 3 414 . 6 P. 3 1,065 .	7 T. 4 1,062 .
B. Par caisse	1,200 .				
N. Par idem	1,800 .				
G. Par idem	414 .				
P. Par idem	1,065 .				
T. Par idem	1,062 .				
PARIS, *t*		2 B. 15 1,224 . F. 1 1,296 .	3 N. 1 1,158 . P. 1 612 . 4 27 612 . V. 27 3,264 .	5 G. 8 3,045 . 6 P. 11 1,305 .	7 T. 11 1,038 .
B. Par caisse	1,224 .				
F. Par idem	1,296 .				
N. Par idem	1,158 .				
P. Par idem	1,224 .				
V. Par idem	3,264 .				
G. Par idem	3,045 .				
P. Par idem	1,305 .				
T. Par idem	1,038 .				
CHAILLOT. *v*		2 F. 3 1,272 .	3 N. 7 1,188 . P. 1 1,560 .	5 G. 1 342 . 6 P. 3 1,146 .	7 T. 4 1,344 .
F. Par caisse	1,272 .				
N. Par idem	1,188 .				
P. Par idem	1,560 .				
G. Par idem	342 .				
P. Par idem	1,146 .				
T. Par idem	1,344 .				
Transport 92,652 o		5,640 .	11,022 .	7,317 .	3,444 .
Transporté 92,652 o		Trᵖᵗ. 212,088 .	83,646 .	99,275 .	58,768 20
		Trᵗᵉ. 217,728 .	94,668 .	106,592 .	02 ,21 20

K

	De Ven. 1. à Fri. 30			de Niv. 1. à Ven. 30			de Ger. 1. à Prai. 30			de Mes. 1. à Fruc. 30			DURAND.	Doit.
			4	P. 10	1,248 .	5	F. 12	444 .	7	M. 26	1,035 .	P.	A marchandises . . .	2,298 .
				25	1,050 .				8	F. 11	708 .	V.	A idem.	555
				V. 1	555 .					30	1,035 .	F.	A idem.	444
												M.	A idem.	1,035
												F.	A idem.	1,743
													Balance	2,778 0
													DIDIER.	
									7	T. 21	1,248 .	T.	A marchandises . . .	1,248 .
									8	F. 5	1,035 .	F.	A idem.	2,070 .
										15	1,035 .		Balance	3,318 0
													ARNAUD.	
										T. 25	1,248 .	T.	A marchandises . . .	1,248 .
									8	F. 21	708 .		A idem.	708 .
													Balance	1,956 0
													DUMONT.	
									7	T. 25	1,248 .	T.	A marchandises . . .	1,248 .
									8	F. 21	1,035 .	F.	A idem.	1,035 .
													Balance	2,283 0
													MARCHANDISES.	
									8	F. 30	28,356 .	F.	P. le montant de l'Inv. .	28,356 .
													Balance	28,356 0
													Transport	66,097 20
													Total des Balances.	104,788 20
													Avoir la raison de commerce, A. H. et Ch. S. par divers comptes.	104,788 20
													et	
													Doit à divers comptes.	92,652 0
													Profit	12,136 20
													A porter au crédit du compte des Associés selon leur intérêt.	
					2,853 .			444 .			38,691 .			
	Tr.pt	163,400 40			102,866 40			115,230 .			73,149 .			
	Total	163,400 40			105,719 40			115,674 .			111,840 .			

PARIS. *u*	Avoir.	De Vend. 1. à Fri. 30	de Niv. 1. à Vent. 30	de Ger. 1. à Prai. 30	de Mes. 1. à Fru. 30
P. Par caisse	1,248 .		4 P. 21 1,248 .	5 F. 1 555 .	6 M. 3 1,494 .
F. Par idem.	555 .				
M. Par idem.	1,494 .				

PARIS. *w*

PARIS. *x*

PARIS. *y*

INVENDUES. *z*

Transport total
des balances,   92,652 0

		De Vend. 1. à Fri. 30	de Niv. 1. à Vent. 30	de Ger. 1. à Prai. 30	de Mes. 1. à Fru. 30
			1,248 .	555 .	1,494 .
Tr^{pt.}	217,728 .		94,668 .	106,592 .	62,212 20
Total	217,728 .		95,916 .	107,147 .	63,706 20

EXTRAIT DU CATALOGUE

Des Ouvrages en nombre des mêmes Libraires.

Poème Épique sur les Exploits de N. Bonaparte, en grec ancien, avec la traduction française en regard ; par M. Polyzoï Condou de Iannina, an X, *in-4°.* 3 »

Virgilii bucolica cum novâ versione gallicâ interlineari et notis ; *in-12*, an X, 1 25.

Les Amours de Télémaque en français, anglais et italien, pour l'étude et la comparaison de ces trois langues ; 3 volumes *in-18* ; *il y a deux langues en regard dans chaque vol., savoir, le français et l'italien, le franç. et l'anglais, l'ital. et l'angl.* 3 »

Dictionnaire abrégé de la France monarchique ; par Gueroult, *in-8°.*, an X, 460 p. 4 »

Julliette Belfour, *ou* les Talens récompensés ; nouvelle anglaise ; par madame Delagrave, an XI, *in-12.* 2 »

Traité des affections vaporeuses des deux sexes, ou maladies nerveuses ; par Pomme, médecin ; sixième édition, corrigée et augmentée, 2 vol. *in-8°.* de 900 pages, avec portrait de l'Auteur. 7 50.

Mémoires et Observations cliniques sur l'abus du Quinquina ; par *idem* ; nouvelle édition, an XI, *in-8°.*, 116 pages. 1 25.

Appel aux Nations sur le Gouvernement de Venise ; par Angelini, avocat vénitien, *in-8°.*, 1797. 3 75.

Essai sur les accouchemens ; par Bodin, chirurgien, membre du Corps législatif ; an V, 136 pages, *in-8°.* 1 50.

Agathocles et Monck, *ou* l'Art d'abattre et de relever les trônes ; *in-18*, an V. 1 »

L'Annuaire du Cultivateur ; par Romme, an III, *in-8°.* de 350 pages. 2 »

Le Manuel du Cultivateur dans le vignoble d'Orléans, utile à tous les autres vignobles ; 1770, 250 pages. 2 »

Instruction sur les Poids et Mesures ; par la Commission, an II, *in-8°.* 150 pages, avec tableaux. 1 50.

Abrégé du Cours d'étude de Condillac ; 6 vol. *in-18*, figures. 7 50.

Tarif des droits de patentes ; *in-4°.* 1 25.

Apologie de la religion, par Audrein ; 8°. 1 »

Œuvres de Sterne ; 6 vol. *in-18.* 7 50.

Le Cannevas à la diable ; an VIII, *in-18.* 1 »

Le Sauvage de l'Aveyron ; an IX, *in-18.* 1 »

Moyen de lire avec fruit ; *in-12.* 1 20.

Histoire de la Révolution française en vaudevilles ; 2 vol. *in-18*, fig. 1 50.

Essais historiques sur la ville d'Orléans ; *in-8°.*, avec carte et joli portrait de la Pucelle. 2 50.

Essais historiques sur la ville de Blois ; 8°. 2 »

Le Compère Mathieu ; 4 vol. *in-8°.*, *y compris* les abus dans les cérém. relig. 8 »

Les abus des Cérémonies religieuses ; *in-8°. séparé.* 2 »

Essai sur le despotisme ; par Mirabeau, 8°. 3 »

Les Aventures de Jérôme Sharp ; fig., *in-8°.* ; *ouvrage dans le genre d'Ozanam et Guyot.* 4 »

Esprit de Fontenelle, de d'Alembert, et de Thomas ; 3 vol. *in-12.* 6 »

Essai sur les mœurs des Nations, *ou* Histoire générale ; par Voltaire, 5 vol. *in-8°.* 20 »

Siècle de Louis XIV et Louis XV ; 3 vol. *in-8°.*, d'idem. 12 »

Romans et Contes du même ; 2 vol. *in-8°.* 8 »

République de Platon ; 2 vol. *in-12.* 4 »

Lettres de Cicéron à Brutus, avec le texte en regard ; *in-12.* 2 50.

Le Grand Livre des Peintres ; 2 vol. *in-4°.*, fig. 30 »

Rhétorique française ; de Crévier, 2 v. 12. 5 »

Ecole de Salerne, suivie d'un Traité sur la conservation de la béauté des Dames ; *in-12.* 1 50.

Bijoux indiscrets ; par Diderot, 2 vol. *in-18*, Cazin. 3 »

Morale universelle du baron d'Holbach ; 3 vol. *in-8°.*, grand pap., an IV, 2°. édit. 12 »

Essai sur l'entendement humain ; par Locke, 4 vol. *in-12.* 8 »

Opuscules sur la langue française, recueillis de divers Académiciens ; par d'Olivet, *in-12*, 1754 : *on y trouve ceux de Dangeau, qui sont très-rares et qui n'avoient jamais été réunis.* 2 50.

Le parfait Bouvier ; *in-8°.* 1 20.

Le parfait Cavalier ; *in-8°.* 75.

L'Homme aux 40 écus ; par Voltaire, 12. 1 »

Le Prisonnier d'Olmuz, drame par Préfontaine, 1797, *in-8°.* 75.

Commirii Carmina ; 2 volumes *in-12.* 5 »

Fabulæ Fontanii Giraud ; 2 vol. *in-12.* 4 50.

Histoire de l'Amérique, par Robertson, 4 vol. *in-12*. — 8 »

Journal de la peste de Marseille, *in-4°*. — 1 50.

Les Amours d'Anas-Eloujoud et de Quardi, d'idem, *in-18*, Didot, papier fin; — 1 »

Il libro del perché, i dubbii amorosi, etc; 3 vol. *in-12*. — 5 50.

La grande période solaire, ou les Causes des révolutions physiques et morales; par Delormel; 2°. édit., an V. — 3 »

Défense d'Ancone, par le général Monnier; rédigée par Maugourit, 2 vol. *in-8°*., avec cartes et portrait. — 9 »

Voyage dans l'intérieur des Etats-Unis; 2°. édit.; augmentée d'anecdotes sur la vie du célèbre Wasington, *in-8°*. de 350 pages. — 3 »

Lettres sur la Grèce; par Savary, *in-8°*., fig. — 3 »

Les imposteurs démasqués et les usurpateurs punis; *ou* Histoire de plusieurs aventuriers, qui ayant pris la qualité d'Empereur, de Roi, de Messie, de Prophète, etc, ont fini leur vie par une mort violente, *in-12* de 500 pages. — »

Théorie de la vis d'Archimède et des Moulins, suivie de la construction d'un nouveau lock, de nouvelles rames et de tables sur la résistance des bois; par Payenton, 1768; *in-8°*. de 250 pages. — 3 »

Valcour et Pauline, *ou* L'Homme du jour; par Lablée, an V, *in-12*, 24 pages. — » 60.

Les paroles de Jésus mourant, poème. 8°. — » 60.

Instruction pour le calcul Décimal; 8°. — » 60.

OUVRAGES RELIÉS D'ASSORTIMENT.

HISTOIRE Naturelle de Pline, trad. par Poinsinet de Sivry, 12 vol. *in-4°*., veau. — 120 »

Le Monde primitif; par Court de Gebelin, 9 vol. *in-4°*., veau. — 110 »

Bibliothèque choisie de Médecine; par Planque, 10 vol. *in-4°*., basane. — 60 »

Voyage de Pallas, 5 vol. *in-4°*. et atlas, ou 8 vol. *in-8°*. et atlas *in-4°*. rel. — 50 »

Histoire d'Angleterre; par Hume, 7 vol. *in-4°*., veau. — 60 »

Œuvres complètes de Voltaire; 70 vol. *in-8°*., papier à 3 fr., bas. — 250 »

Dictionnaire d'Histoire Naturelle; par Valmont de Bomare, bonne édition de 1791, 15 vol. *in-8°*., demi-reliure. — 70 »

Histoire Naturelle de Buffon; Imprimerie royale; 62 vol. *in-12*, veau. — 186 »

La Science des Négocians et Teneurs de Livres; par Migneret, 2 vol. *in-8°*., bas. — 12 »

Théâtre des Grecs; par le père Brumoy, 13 vol. *in-8°*., veau, filets, fig. — 80 »

Comédies de Térence, traduction de Lemonier, 3 vol. grand *in-8°*.; veau. — 24 »

Histoire Ancienne; par Rollin, 14 vol. *in-12*, veau. — 45 »

—— Romaine; par le même, 16 vol., veau fauve, filets, bel exemplaire. — 64 »

—— du Bas Empire; par Lebeau, 24 vol. *in-12*, veau. — 80 »

—— de France; par Vély, 30 vol. *in-12*, veau, filets, bel exemplaire. — 80 »

Œuvres d'Histoire Naturelle et de Philosophie, de Bonnet, 10 vol. *in-4°*., veau rac. filets, fig. — 100 »

Orlando furioso di L. ariosto, Venezia, 1772, zatta, 4 vol. grand *in-4°*., veau rac. filets, fig. — 48 »

Fables de La Fontaine; Paris, 1755, fig. d'Oudry, 4 vol. *in-folio*, veau, filets. — 140 »

Encyclopédie par ordre de Matières; 59 livraisons, 111 vol. *in-4°*., carton. — 1100 »

Bibliothèque Historique de la France; par Fontette, 5 vol. *in-folio*, veau, filets. — 75 »

Dictionnaire français, allemand, latin et russe, 2 gros vol. *in-4°*. relié. — 50 »

Atlas portatif des Militaires et Voyageurs; 2 vol. *in-4°*., de 191 cartes, ½ rel. — 30 »

Œuvres de Condillac; dernière édition, 1798, 23 vol. *in-8°*., veau rac. — 130 »

Œuvres de Mably; 15 vol. *in-8°*., veau rac. filets. — 70 »

Voyage d'Anacharsis; 7 vol. *in-8°*., et atlas *in-4°*., veau rac. filets, d. s. t. 1790. — 50 »

Histoire philosophique de Raynal; 1790, 10 vol. *in-8°*., et atlas *in-4°*. veau, filets. — 96 »

Enfin un assortiment de beaucoup d'autres bons livres, tels que poëtes latins modernes, livres classiques, les meilleurs catalogues bibliographiques, avec prix, et toutes les brochures nouvelles, etc., etc.

Les mêmes Libraires tiennent chacun un Cabinet de lecture très-bien assorti, font la commission, et abonnent à tous les Journaux.